北方典型沙地
樟子松人工林水源涵养功能及适宜密度选择

邓继峰 等 著

中国农业科学技术出版社

图书在版编目（CIP）数据

北方典型沙地樟子松人工林水源涵养功能及适宜密度选择 /
邓继峰等著 . —北京：中国农业科学技术出版社，2020.5
　ISBN 978-7-5116-4688-0

　Ⅰ . ①北… 　Ⅱ . ①邓… 　Ⅲ . ①沙漠—樟子松—人工林—水
源涵养林—研究—中国 　Ⅳ . ①S791.253

　中国版本图书馆 CIP 数据核字（2020）第 062046 号

责任编辑　崔改泵　李　华
责任校对　李向荣

出 版 者　中国农业科学技术出版社
　　　　　北京市中关村南大街12号　　　邮编：100081
电　　话　（010）82109708（编辑室）（010）82109702（发行部）
　　　　　（010）82109709（读者服务部）
传　　真　（010）82106650
网　　址　http：// www.castp.cn
经 销 者　各地新华书店
印 刷 者　北京建宏印刷有限公司
开　　本　710mm×1 000mm　1/16
印　　张　9.5
字　　数　166千字
版　　次　2020年5月第1版　2020年5月第1次印刷
定　　价　85.00元

《北方典型沙地樟子松人工林水源涵养功能及适宜密度选择》

著者名单

主　著：邓继峰　　丁国栋

副主著：祁庆钦　　张丽杰

著　者：邓继峰　　丁国栋　　祁庆钦

　　　　张丽杰　　姚佳奇

特别说明

本书承国家自然基金青年项目"北方典型沙地樟子松人工林等水/非等水行为特征及适应机制研究"（31800609）资助完成，特此说明并致谢！

前　言

　　森林作为陆地生态系统的主体核心，在维系生态平衡、涵养水源、防治水土流失、抵御天然灾害及改善生态环境方面起到了重要作用。中国幅员辽阔、自然条件复杂、森林资源相对匮乏且分布不均，加之长期以来植被破坏造成的不利影响，维持、恢复与构建森林植被对我国生态文明建设和社会经济可持续发展意义重大。

　　森林水循环是陆地水循环的主要组成部分，它影响森林生态系统的结构、功能及分布格局。森林生态结构对水分循环也具有重要影响，关系到各相关水分因子量的时空分配及转化形式。因此，森林与水的关系是当今生态学与水文学研究的热点议题，也是森林培育、经营以及水分运动过程机制重要的研究方向。在"土壤—植物—大气连续体"（Soil-Plant-Atmosphere Continuum，SPAC）系统中，大气降水分别被林冠层、枯落物层和土壤层截持、分配、渗入，完成大气至土壤的输送过程，并通过植物体的蒸腾作用，完成土壤至大气的回流过程。了解水分在SPAC系统中的循环过程，就是理解并认识植物的水分涵养、利用、分配和承载功能，是探求合理林分密度的基础，并关系到区域内生态恢复工作的成败。

　　我国是世界上土地荒漠化危害最严重的国家之一。根据"第五次全国荒漠化和沙化土地监测"数据显示，截至2014年，全国荒漠化土地面积$26.12 \times 10^5 \text{hm}^2$，占国土面积的27.20%；沙化土地面积$17.21 \times 10^5 \text{hm}^2$，占国土面积的17.93%，有明显沙化趋势的土地面积$3.00 \times 10^5 \text{hm}^2$，占国土面积的3.12%。实际有效治理的沙化土地面积$2.04 \times 10^5 \text{hm}^2$，占沙化土地面积的11.80%。尤其是我国北方典型沙化地区，降水量稀少，土壤水分蒸发量大，生态环境敏感而脆弱。为了改善日趋恶化的地区环境态势，在"三北"防护林建设初期，营建了大面积的樟子松（*Pinus sylvestris* var. *mongolica*）人工林，凭借其耐寒、耐贫瘠、适生沙地和速生等优良特性，在该区域起到

1

防风固沙和保持水土的重要作用。至今，樟子松人工林已在"三北"地区的13个省（区）300余县引种成功。根据第八次森林资源清查结果（2009—2013年），樟子松人工林面积已达到$4.17 \times 10^5 hm^2$，并据"三北"防护林工程五期规划（2011—2020年），目前正在科尔沁、毛乌素和呼伦贝尔沙地实施总面积为$6.67 \times 10^5 hm^2$的樟子松防风固沙林基地建设。然而，自20世纪90年代初，在辽宁地区，最早引种的樟子松人工林在林龄30年开始出现枝梢枯黄，长势衰弱，继而整树死亡且不能天然更新的衰败现象，有近$2.49 \times 10^4 hm^2$樟子松人工林发生衰退。之后，陕西、山西、黑龙江和吉林等省相继出现类似情况，严重的生态问题开始显现。原因是建林时选择高耗水植物种或初栽密度过大，造成植物间强烈水分竞争，使水分资源供求紧张，难以保证植物存活。而随着全球温室效应提升，区域内降水量逐年减少，导致进一步水分竞争加剧，造林高死亡率现象在西北干旱地区更加普遍。

针对我国北方沙地樟子松人工林存在严重衰退的问题，以水分影响机制为主线，从水分利用策略角度，我国学者做了大量研究表明，樟子松人工林水量失衡引发的土壤水分亏缺是导致樟子松人工林严重衰退的主要原因。如宋立宁等发现31年人工纯林（1 389株·hm^{-2}），林冠截留量和林地蒸发量分别为降水量的18%和29%，生长季内人工纯林输出量与降水量相差为39mm（宋立宁等，2017）。宋立宁通过稳定性氢氧同位素追踪辽宁省章古台地区沙地31～41年樟子松人工林水分吸收来源发现，当降水量和土壤含水量分别降低20.60%和3.10%时，整树蒸腾所利用的地下水比例上升了4.40%，而土壤水比例降低了14.30%（Song等，2016），且长期野外林地土壤含水量监测结果表明，樟子松生长季内80%的时间是处于严重水分胁迫状态（≤3.00%的土壤体积含水量）。曾泽群等对同一地区樟子松人工林不同林龄依不同深度土壤含水量变化进行分层，发现从幼龄林到中龄林再至成熟林，根系层加深，分别为0～100cm、60～100cm和60～120cm（曾泽群等，2017）。上述研究均说明植物根系对土壤水分的部分适应性，即通过调整根系长度摄取土壤深层水分维持自身需求，以缓解树体水力阻力。但由于樟子松为浅根系树种，而土壤水分波动剧烈，以沙地土壤粒级分布特征，地下水沿毛管上升高度（<1m）远低于地下水位实际深度（>5m），根系经常未达到深层土壤，便已产生水分胁迫。

毛乌素沙地是我国的12大沙区之一，生态地理景观独特。尤其南部地势较高，处于黄土高原向鄂尔多斯台地的交接地带，是半干旱气候区向干旱气候区的过渡，降水量稀少且降水季节性差异较大，土地资源利用及社会经济模式属农牧交错带，是典型北方生态脆弱区的代表。榆林市地系陕西北部，毛乌素沙地的南缘部分，是毛乌素沙地延展的起点，具有显著性气候的特点：4—6月有明显的干旱与半干旱期，冬季降雪甚少，结雪期很短。年平均降水量400mm左右。榆林市的风沙大，水分的蒸发量较高，有效利用率低，加重了空气和土壤的水分胁迫程度。榆林市从1952年开始引种、栽培沙地樟子松，在固定流动沙地和改善生态环境等生态治理方面取得了显著成效。因此，在榆林沙地建设樟子松人工林，对榆林市的绿化造林工作，改变生态环境，促进沙漠化的逆转起到了重要作用。开展该地区的典型林分林木耗水特性等研究，以密度调控为主，各项水文效应、功能的研究为辅，对植物体在自然条件下，水分利用策略、水源涵养功能和林分经营研究具有重要的生态学意义。

　　本研究所在地处于毛乌素沙地南缘的榆林市珍稀沙生植物保护基地，针对西北半干旱地区植被建设中水分短缺的问题，结合当地人工造林面积广大，需要耗费巨大的地下水资源和人力进行灌溉的现状，运用热扩散技术对毛乌素沙地绿化生态恢复植物樟子松的耗水特性进行研究，并以林区不同调控密度程度下的樟子松人工林的降水分配及环境功能进行研究，通过因子分析的多元降维方法提炼典型林地的林分结构特征与降水分配、环境功能特征，通过典型相关分析方法揭示这些功能特征与林分结构的耦合关系。在林冠降水分配的研究过程中实现修正Gash模型对研究区森林冠层降水分配的全面、动态、便捷模拟与有关的分析。最终结合上述研究，明确该地区樟子松人工林的水源涵养功能及对相应的林分适宜密度范围进行选择。

著　者

2019年12月

目　录

1 国内外研究进展

    地球上的沙漠和沙地是水分最为缺少的地带，依赖水分生存的动、植物种类及数量稀少，生态环境脆弱，受到破坏之后难以恢复原有的生物多样性，造成不可逆转的损失。由于人类活动范围扩大和强度增加，不合理开垦和过度放牧对干旱、半干旱地区生态环境危害加剧，造成了更为严重的水土流失和土地沙漠化。自20世纪起，人类为遏制沙漠化进程，维持生物生存，促进人类社会可持续发展，在保护现存的自然环境和恢复已破坏生境方面开展了大面积的植被建设工作，投入了大量的人力、物力和财力，目前，干旱、半干旱地区植被建设的关键科学问题就是基于水环境容量与生态功能结构优化的植被恢复与重建，因此，开展以水资源平衡为基础的植被恢复与重建技术的研究，并正确认识和评价一个地区的森林植被与水资源的关系，可以为提升森林植被的水源涵养功能、发挥森林的植被生态效应，对提高干旱沙区水资源利用率和林业生态工程建设的有效性和稳定性具有重要的理论价值和现实意义（朱教君，2013）。

1.1 林木耗水测算技术

    林木对水分环境的适应在本质上取决于环境水分供应状况，林木对水分的需要与其所在环境的水分条件经常处于矛盾之中，主要表现为供水不足和供需不协调（奚如春等，2006）。尤其是在干旱、半干旱地区，这种矛盾非常频繁，水分逆境对植物存活、生长发育和分布的限制作用也最为经常和持久，因而成为主要的限制性因子。随着测定技术的改进和试验方法的不断完善，人们对林木蒸腾耗水特征，以及林木适应水分胁迫机制与机理等有了更深入的认识，这必将为提高对林木水分生态的认知水平奠定了有力基础。

1.1.1 林木耗水的研究尺度

森林植被蒸散耗水包括植被蒸腾耗水、植被冠层截留与蒸发、枯落物截持耗水和土壤水分蒸发，森林植被蒸散耗水量是热量平衡和水分平衡的主要分量，也是反映森林植物水分状况的重要指标和影响区域乃至全球气候的重要因素（张劲松等，2001a）。在蒸腾耗水的研究中，根据研究对象的不同，可分为分子和细胞、叶片、个体、群落、生态系统、景观以及区域和全球水平（Choat等，2018）。目前，国内外研究集中在叶片水平、单株水平、林分水平和区域水平上。对于不同的研究尺度，所要回答和能够回答的问题就迥然各异，本书重点介绍单株尺度和林分尺度。

1.1.1.1 单株尺度

单株尺度的研究是植物各个局部生理过程的整体反映，是迄今为止发展成熟，技术手段最多的研究尺度，可以用来进行个体间的差异比较（Meinzer等，1995；邓继峰等，2014）。树木生理学家可以利用单木水平获得的林木耗水数据，来研究植物的气孔和水力导度对于植物蒸腾的协控以及树干边材的储水能力，并通过一定的理论方法进行合理的尺度放大，从而达到推算林分或区域水平的耗水量，可解决区域水资源的管理，以及量化认识短期轮伐期森林的需水量大小等实际问题（Knight等，1981；刘奉觉等，1997）。

1.1.1.2 林分尺度

林分尺度的研究与生产管理紧密相关，主要的测定方法有水文学方法、微气象法和生理学测定方法（Stewart，1977）。随着用生理方法（如热技术测定方法）测定单木蒸腾耗水研究的日益完善以及与生态学尺度转换方法的有机结合，为直接确定林分蒸腾耗水量成为可能（张劲松等，2001b；孙慧珍等，2004），这样就克服了传统上森林蒸腾耗水研究常与林地土壤水分蒸发紧密联结在一起而很难分开的缺陷，还克服了微气象方法对下垫面和气体稳定度要求严格的限制以及传统森林水文法具有较大不确定性的缺点，可以在坡度较大的山区使用（魏天兴和朱金兆，1999）。

1.1.2 林木耗水测定方法

树木的蒸腾耗水量是植树造林设计与环境水分研究的重要水分参数，

国内外由于这个问题考虑不周而导致的环境恶化事例已屡见不鲜（Ge等，2016；Li等，2016；Noce等，2016）。不用阶段由于受科学技术发展水平的限制，林木蒸腾耗水测定所采用的主要方法不尽相同。作为林木蒸腾耗水研究的重要内容之一的林木蒸腾耗水测定方法本身，同样经历了一个发展和完善的过程（Hubbard等，2001；王华田，2003；Ewers等，2007；Huang等，2011；Domec和Johnson，2012；Gao等，2015）。从观测尺度看，不同方法测定单元的尺度大小差异很大。基于单株水平蒸腾耗水的测定方法有大型蒸渗仪法、整株容器称重法、快速称重法、气孔计法、茎流计法、水量平衡法、同位素示踪法、染色法、涡功相关法和放射性/稳定性同位素法（Denmead，1984；田晶会，2005）；基于林分群体水平的有水量平衡法和微气象法等。根据检测原理，上述测定方法可以分为物理学方法、生理学方法、能量平衡法、水量平衡法、红外遥感和数字分析技术等（王华田，2003）。一般来讲，研究人员普遍将林木耗水研究分为传统的研究方法和热技术测定方法两大类。

1.1.2.1 传统测定方法

目前广泛使用的传统测定方法有大型蒸渗仪测定法（魏天兴等，1999）、整树容器称重法（Roberts，1977）和快速称重法（王兴鹏等，2005）。整树容器称重法测定结果能够准确反映树木整株耗水的动态变化，通常用于校正其他单木耗水测定方法，但该方法是一项破坏性测定技术，不能作连日动态观测，因此无法广泛应用。大型蒸渗仪测定法能够精确地实现对树木蒸腾耗水的连续测定，配合其他测定方法能够很好地描述树木整株蒸腾耗水过程和生态生理特征，但室内植物的代表性对测定结果有影响，且根部周围的土壤体积有限，水分运动受到限制。快速称重法是从植物体上剪下某一部位进行称重，通常剪取叶片或小枝进行研究，其实用最多、最广，容易上手，常用于野外简易测定蒸腾作用，适用于对不同树种、时间和处理间的蒸腾进行比较研究，较好地反映环境对蒸腾的影响，但局限性在于间断测定，数据连续性不强，取样采叶较多，对小树影响较大，运用快速称重法时叶片离体失水后蒸腾迅速下降，测值通常偏低（巨关升等，2000）。

1.1.2.2 热技术测定方法

生态学家在研究水分变化对植物生长、生理生态过程的影响时，一直寻求能够将这一关系进行定量分析的途径，连续地测定树干液流被认为是解决这个问题的理想方法。许多基于如电子学、磁流体动力学和核磁共振的树干液流测定方法在20世纪就已经出现。目前，相对成熟和商品化广泛应用的热技术方法和传统的测定方法相比较，具有保持树木在自然生长条件下，基本不破坏树木正常生长状态，连续测定树干液流量，时间分辨率高，减少了从叶片到单株尺度转换次数，易于野外操作，使用及远程下载数据等优点（孙慧珍，2002）。具体包含热脉冲技术、热扩散技术、茎部和树干热平衡法、热场变形法（Nourtier等，2011）。

（1）热脉冲技术（Heat pulse velocity，HPV）。这类方法测定结果基于热电偶间距和探针深度，人为试验操作影响较大，同时，由于热脉冲法测定的只是脉冲发生时的液流，这就必须保证间隔时间内气候因子不会快速发生变化，否则会影响测定结果（高岩等，2001）。

（2）热扩散技术（Thermal dissipations sap flow veloeity probe，TDP）。热扩散边材液流探针测定树干边材液流速率的方法是在热脉冲液流检测仪的基础上发展起来的。测定时将两根温度探针插入树干边材，上方探针对边材恒定供热，下方探针不加热，由于树干液流的向上运输会将部分热量带走，通过两个探针间的温度差和液流密度之间的经验公式能够计算树干液流。热扩散法由于测定结果较准确，仪器成本较低，且有较成熟的商品化产品而得到广泛的应用。有试验通过比较该方法测定的树干液流量和植物失水的质量，验证了该方法的准确性。在我国，TDP技术在植物蒸腾中的应用从最近20年才开始发展。如严昌荣等利用热扩散技术对北京市山区胡桃楸（*Juglans mandshurica*）树种的树干液流进行了研究（严昌荣等，1999）；鲁小珍对南京市的马尾松（*Pinus massoniana*）和栓皮栎（*Quercus variabilis*）等树种液流进行了观测（鲁小珍，2001）；虞沐奎等对安徽地区的火炬松（*Pinus taeda*）日、月和季节液流变化进行了研究（虞沐奎等，2003）；马履一等对北京市山区油松（*Pinus tabuliformis*）、侧柏（*Platycladus orientalis*）和槐树（*Sophora japonica*）等树种的液流活动和其影响因素进行了分析研究（马履一和王华田，2002；马履一等，2003）；张金池等对徐淮平原农田防护林带杨树（*Populus* L.）树干液流进行了研究（张金池等，2004）；孙慧珍对东北东部山区水曲柳（*Fraxinus mandshurica*）、蒙古栎（*Quercus mongolica*）、核桃楸（*Juglans mandshurica*）、紫椴（*Tilia amurensis*）和白桦（*Betula platyphylla*）等树种的液流密度变化进行了系统的研究（孙慧珍，2002）；马长明等对北京市延庆地区的山杨（*Populus davidiana*）液流变化和主要影响因素进行了研究（马长明等，2005）；肖以华等对华南地区主要造林树种马占相思（*Acacia mangium*）液流变化进行了研究（肖以华等，2005）。

（3）茎部热量平衡法（Stem heat balance method，SHB）。该方法是在植物茎干外部安装环形的加热装置，通过输入热量和茎干径向、向上和向下传导的热量以及液流携带的热量之间的能量平衡关系计算液流，可分解为3部分：一部分用于与垂直方向的水流进行热交换；一部分以辐射的方式向四周散发；一部分与茎干内水流一起向上传输（徐先英等，2008）。茎热平衡法的优点在于无须将测量计插入树干，也无须标定，但在应用时受到茎干大小的限制，不适用于大树。值得注意的是，安装此仪器时应使用凡士林，以保证探头与树干接触良好并且防水；李海涛和陈灵芝的研究也发现，被测木测定几个月后，凡士林挤压树干直径生长，导致树干收缩，长期试验时可能会影响茎干的正常生长（李海涛和陈灵芝，1998）。

（4）树干热平衡法（Tissue heat balance method，THB）。特点是直接通过电子加热器和内在的温度感应装置来计算树干液流，无需校正，并且不需要通过经验公式来计算，该技术主要用于测定大树的液流，不过该方法可能会由于植物组织的热储存而产生大的误差。

（5）热场变形法（Heat field deformation method，HFD）。热场变形法是通过测定径向插入植物茎内的线性加热针周围的热场变形来计算树干液流。由于在轴心方向与切线方向的热传导率不同，零液流时热场像一个对称均匀的椭圆形，而随着液流增加热场逐渐地延长而不成椭圆形。该技术的优点是解决了以往由于边材不同深度液流不均一产生的误差，以及能够正确地确定边材和心材边缘的零液流。热场变形法对液流的微小变化具有较高灵敏度，反应迅速，甚至能监测出降水和干旱时产生的由上而下的液流，这对于研究植物和水分关系是非常重要的。不过该技术还有许多需要完善的地方，特别是在测定高液流密度的树种时存在着一些不确定性。目前该技术的应用比较少，国内还未见报道。如果能够解决安装复杂和成本较高的问题，将会成为测定树干液流的一个很好的选择。

1.1.2.3　热技术测定方法的应用

热技术具有在自然生长条件下，基本不破坏树木正常生长状态下连续测定树干液流等优点，在生态学、地理学等诸多研究领域中得到重视，也为深入研究植物水分利用以及对环境变化的响应提供了很好的技术支持。国内应用热技术进行树干液流的研究时间较短，根据已有的文献表明，主要采用热脉冲法和热扩散法，采用茎热平衡法进行研究的报道较少（陈彪等，2015；倪广艳等，2015；刘文娜等，2017；卢志朋等，2017）。内容涉及对区域内主要建设树种的树干液流密度特征研究、估算林分水平的蒸腾作用、树干液流对环境因素的响应等方面。而国外的研究更注重树干液流预测模型及环境响应模型的建立，通过结合对液流运输物质的研究，扩展了树干液流研究的意义（Pataki 和Oren，2003；Nourtier等，2011；Schäfer，2011；Rogiers等，2012；Roman 等，2015）。

1.1.3 林木耗水与影响因子相互关系

林木耗水过程是一个复杂的地气系统水分循环过程，受树种、环境、时间和空间等多种因素的控制，树木根部吸收土壤水分，通过树干运输到树冠，从叶表面蒸腾散失，根部吸收的水分有99.80%以上消耗在蒸腾作用上。从本质上看，环境因子对植物蒸腾作用的影响主要是通过改变蒸腾的扩散阻力和扩散梯度两个途径实现的，分为气象因子和土壤因子（赵平，2011）。众多的研究表明，太阳总辐射、相对湿度和大气温度是影响植物蒸腾的最主要的微气象因子（曹文强等，2004）。土壤含水量一直被认为是影响植物蒸腾的最主要因素之一，当土壤中有足够的水分供应时，随着太阳总辐射和大气温度的升高，气孔的开张度加大，树干液流随之升高，这是树木自身的生理特性起着主要作用。当气孔张开到一定程度不再变化时，树木的树干液流就成为一个物理过程，此时，树干液流密度和空气的蒸发能力成正比，而空气蒸发能力由光合有效辐射、大气温度和相对湿度等因子共同决定。但是当土壤水分低于一定程度，过强的空气蒸发能力使树木剧烈失水，根系得不到充足的水分供应，产生一定量的信息物质（如脱落酸等），叶片的气孔开张度减小，以减少蒸腾失水，相对湿度越低，保卫细胞响应越敏感，气孔关闭越紧，树干液流密度越小，这是树木对水分缺乏时的保护性反应（Deng等，2015）。

1.2 森林结构研究

森林结构是指一个林分的树种组成、个体数、直径分布、年龄分布、树高分布和空间配置（陈东来和秦淑英，1994）。孟宪宇指出，人工林与天然林在未遭受严重干扰的情况下，林分内部的许多特征因子，如直径、树高、材积、树冠及复层异龄混交林中的林层、年龄和树种组成等，都具有一定分布状态，且表现出较稳定的结构规律性，称为林分结构规律（孟宪宇，1995）。从森林经营的角度看，林分结构的研究内容包括树种组成和多样性分析，林分的水平结构、垂直结构与空间结构等。本书将林分结构的相关研究可概括为森林群落种类组成结构、垂直与水平结构、森林林龄结构及林分的空间结构和森林植物生长、保育方面。

1.2.1　群落种类组成结构

森林群落组成结构是群落生态学研究的基础，不同植物群落结构与功能存在很大差异。岳永杰对我国不同森林群落的植物类型种类组成方面的研究进行了总结，涉及针叶林、亚热带常绿阔叶林、针阔混交林、热带雨林以及人工林和毛竹林（岳永杰等，2009）。

1.2.2　垂直与水平结构

群落的垂直结构指群落分层次现象，水平结构特征则在于镶嵌性。林分群落垂直结构层次的划分方面，赵淑清等将直径级作为森林结构划分变量，而林分群落水平结构层次划分方面，林分直径结构可反映各径级林木株数分布，植物种群直径结构是种群内部不同年龄的个体数量的分布情况，它预示着植物种群未来盛衰趋势（赵淑清等，2004）。由于林分直径受林分年龄、密度和立地条件影响较大，其分布规律能够反映出在不同状态下的林分和林分径阶生产力大小，因此，研究直径分布可以预测不同径阶林木株数，为森林抚育间伐、设计间伐方案、评估林分经济效益、计算材种出材量等提供科学的理论根据（赵淑清等，2004）。

1.2.3　林龄结构

林龄分布在生态学是指年龄结构，是指林木株数按年龄分配的状况，是林木更新过程长短和更新速度快慢的反映（孟宪宇，1995）。年龄结构分析有益于估计斑块入侵速度，分析不同地理条件对群落发展的影响，并有助于理解群落内部动力学。

1.2.4　空间结构

林分的空间结构为林业科学研究的热点，也是森林经营、生产和实践需要。林分的直径结构、树种组成和林木间的空间位置与林分的结构和功能有着密切的关系。目前，已经提出很多量化林分结构的方法，主要是用空间指数表达的方法和建立在空间统计技术基础上的方法。这些方法在描述林分结构时都把林木位置考虑进去（龚直文等，2009），包括林木空间分布格局、混交和大小分化3个方面，分别采用混交度、大小比数和角尺度来表达（惠刚盈，1999；惠刚盈等，1999；惠刚盈和胡艳波，2001；惠刚盈等，2004）。目前关于林分的空间结构的研究较多，如刘彦等利用3种空间结构参数分析了刺槐（*Robinia Pseudoacacia*）人工林的林分空间结构（刘彦等，2009）。吕锡芝等利用角尺度、大小比数和混交度分析了百花山自然保护区核桃楸和华北落叶松（*Larix gmelinii*）混交林的空间结构特征（吕锡芝等，2010）。苏薇等用3个林分空间结构参数分析了北京市松山自然保护区油松（*Pinus tabuliformis*）天然林的空间结构特征（苏薇等，2008）。张佳音等分析了北京市十三陵林场的人工侧柏林公顷级样地的结构和空间分布格局（张佳音等，2010）。

1.2.5　森林植物生长、保育

森林的生长和保育体现在林木的生长、生物量和林下生物多样性方面。生物量是一个有机体或群落在一定时间内积累的有机质的总量，森林生物量通常以单位面积或单位时间积累的干物质量或能量来表示。生物生产力是反映森林生态系统结构与功能情况的重要指标，第一性生产力（初级生产力）是指光合作用产生的有机质总量，第二性生产力（次级生产力）是指初级生产力以外的其他有机体的生产。净第一性与第二性生产力可直接用称量有机体重量，即通常所谓的生物量的方法测定。森林生物量与生产力是反映森林生态环境的重要指标，单木生物量计算的一般模型如式（1-1）：

$$W = a\left(D^2 H\right)^b \tag{1-1}$$

式中：W 为生长量；D 为胸径；H 为树高；a、b 为系数。

自20世纪90年代以来，各国学者通过理论推导、定位观测、物种组装试验，先后对林地生物多样性与生态系统生产力、持续性、稳定性及其他生态系统功能进行了广泛研究。生物多样性的度量指标较多，常用的生物多样性指数如辛普森—生物多样性指数、香农—维纳指数等。

1.3　降水分配功能变量研究

1.3.1　穿透雨、树干径流与林冠截留功能研究

　　水源涵养林是以蓄水、调节水量、延长径流时间、改善水质等功能为主的森林和林木。水源涵养林效益的优劣主要取决于林地蓄水能力、改善水质和防止土壤侵蚀方面（余新晓和于志民，2001）。研究森林生态系统对水量调节和影响机理，对于科学认识森林调节河川径流、水质以及防治土壤侵蚀的作用具有重大意义（时忠杰等，2005；何斌等，2009）。森林对降水再分配的调节作用是森林生态系统重要的水文功能之一。森林降水分配研究主要以对降水量（Precipitation）、穿透雨（Throughfall）、树干径流（Stemflow）3个主要指标的观测及对林冠截留（Interception）的确定为基础，涉及冠层持水能力 S（郭明春等，2005）、树干持水能力 S_t（郭明春等，2005）、树干径流系数 P_t（郭明春等，2005）与郁闭度等冠层参数的确定，也涉及降水强度（Precipitation rate）、饱和林冠蒸散速率（Evaporation rate）等气象参数的确定及相关环境变量如大气温度、太阳总辐射、相对湿度、气压和风速等指标的观测。

　　林冠对降水的再分配过程中，经过林冠对降水的截留、汇集作用，分别形成穿透雨与树干径流。其中，穿透雨指直接穿过林冠的，以及降落到叶面、枝干上再滴落下来的雨水，为林下降水的主要输入方式，其变化特征影响降水从林冠到土壤的转移、林地水土流失变化与养分循环，有突出的生态水文意义（Gómez等，2002；郭忠升和邵明安，2003）。树干径流指降落并积蓄在树木叶、枝及树干上的雨水，当其重力超过表面张力作用时，其中一部分沿树枝、树干流到树木根部形成的水流。虽然径流对养分循环与地下水补给有显著意义，但径流一般占总降水量的比例小于10%，然而穿透雨占总森林降水量的40%～90%。林冠截留量由林外总降水量减去林下穿透雨量及树干径流量求得，国外一般认为温带针叶林林冠截留率在20%～40%，我国南北不同气候带及其相应的森林植被类型的截留率变动范围在11%～34%（杨文斌等，1992；刘强等，2003；吴祥云等，2004a；姜海燕等，2008；

刘亚等，2016）。

对于穿透雨影响因素的分析表明，穿透雨受多种因素影响，如冠层结构、树木的形状及大小、冠层的粗糙度及冠层厚度、枝条的格局和树叶的叶倾角等。有研究表明，冠层覆盖度、枝叶层厚度与林下的穿透雨率之间有一定的负相关关系，但均未达到显著水平。研究也表明林下穿透雨的变异程度与降水量呈一定的负相关。一般而言，穿透雨量与降水量呈正相关，而穿透率一般随降水量增大而增大并趋于稳定（Deguchi等，2006）。有研究者将影响林冠截留分配效应的主导因素总结为降水特征（包括降水频率、降水强度、降水持续时间）与林分状况（包括林分郁闭度、冠幅、密度、胸径大小等）。在较小的降水量级下，截留量随降水量的增大增加较快；而在较大降水量级下，截留量随着降水量增加则递增缓慢，而截留率却急剧减少，反映了林冠截留降水的有限性。郁闭度越大，截留量和截留率越大，穿透水比率越小。但随降水量级增加，郁闭度对林冠截留的影响减弱，只有在降水量较小时，这种影响尤为重要（王礼，1994；巩合德等，2004）。树干径流方面，有研究者认为，只有当林冠层充分湿润后并达到饱和时才会明显产生树干径流，当雨量较小时一般不产生树干径流。但在一年中树干径流也仅占年降水量的10%以下，有些研究因此忽略了其水文学重要性，树干径流是降水沿着树干汇集到根部的水量，是降水量和溶质在植物树干上的空间输入点，影响树干周围的土壤水分、养分含量及微生物的活动，因此，树干流能够显著的汇集降水，提高降水的有效性输入，并增加土壤水分蓄积。尤其在50mm雨量下，树干流对降水汇集作用最为明显（曹云等，2007）。

1.3.2 冠层参数与气象参数

1.3.2.1 林冠持水能力（S）

林冠持水能力取决于叶、枝和树干的表面持水能力，受林冠结构、叶表面积指数、风速和雨滴大小等因素的影响，不是固定的常数。林冠持水能力一般定义为林冠最大吸附量，以林冠投影面积上的水层厚度表示，这个定义是最广泛认可的。Leyton等提出以总降水量为横坐标，透落雨量为纵坐标绘散点图，作斜率为（$1-P_t$）的直线。该线仅穿过最上方的若干散点，而将其他散点罩在该线下方。假定该线代表蒸发量最小时透落雨量与总降水量之间的关系，则该线与纵轴的截距（负值）代表了林冠持水能力，这个方法被广泛使用且十分精确。

1.3.2.2 树干持水能力（S_t）与树干径流系数（P_t）

树干持水能力（S_t）与树干径流系数（P_t）的确定方法是用林外降水量与树干径流量作散点图，作树干径流量对林外降水量的回归直线，用直线斜率表示树干径流系数，截距表示树干持水能力（Limousin等，2008）。

1.3.2.3 林冠郁闭度、降水强度与饱和林冠蒸散速率

郁闭度为林冠垂直投影面积与林地面积之比。降水强度为单位时间的降水量。饱和林冠蒸发速率一般通过Penman-Momeith公式计算。

1.3.3 修正Gash模型描述

1.3.3.1 Gash模型说明

Gash解析模型近几十年被广泛应用于各种林分的截留模拟预测和验证中，我国学者运用模型较早。藏荫桐（2012）对Gash模型给予了详细推导说明，模型相关参数的含义与单位见表1-1。

表1-1　Gash解析模型相关参数的含义与单位
Tab. 1-1　Means and units of parameters in Gash model

降水参数			
I	林冠截留量（mm）	P_G	单次降水事件的降水量（mm）
P'_G	使林冠达到饱和的降水量（mm）	$\bar{R}$	平均降水强度（mm·h^{-1}）
$\bar{E}$	平均林冠蒸发速率（mm·h^{-1}）	m	林冠未达到饱和的降水次数
n	林冠达到饱和的降水次数	q	树干达到持水能力产生干流的降水次数
林冠参数			
S_c	林冠枝叶部分的持水能力（mm）	S_t	树干持水能力（mm）
p	自由穿透降水系数，即不接触林冠直接降落到林地的降水比率，为1-f（郁闭度）	P_t	树干径流系数
温湿、压强参数			
T_a	平均气温（℃）	LT	地—气温差（℃）

$L\theta_{5-20}$	5cm与20cm地温差（℃）	RH	空气相对湿度（%）
e_s	饱和水汽压（Pa）	e_a	实际水汽压（Pa）$e_a=RH \cdot e_s$
P	大气压（Pa）	ρ	空气密度（1.204kg·m^{-3}）
ε	水汽分子量与干空气分子量之比（ε=0.622）	γ	干湿表常数（Pa·℃$^{-1}$）
L	饱和水汽压与温度曲线的斜率（Pa·℃$^{-1}$）	c_p	空气定压比热（1.004 8kJ·kg^{-1}·℃$^{-1}$）
λ	蒸发潜热（λ=2.51−0.002 361·T_a，kJ·kg^{-1}）		
辐射参数			
R_n	净辐射通量（MJ·m^{-2}·s^{-1}）	G	土壤热通量（MJ·m^{-2}·s^{-1}）
空气动力学参数			
h	冠层高度（m），取平均样地树高	z	参考高度（m），取h+2（冠层上方2m）
d	零平面位移高度（m），取0.75h	z_0	粗糙长度（m），取0.1h
k	卡曼常数，k=0.41	u	参考高度z处的风速（m·s^{-1}）
u_2	林地附近空旷处地上2m风速（m·s^{-1}）		

1.3.3.2 修正Gash模型说明

Gash解析模型将林冠对降水的截留分为3个阶段：加湿期、饱和期和干燥期（Gash等，1995；何常清等，2010）。在此基础上，修正Gash模型将林地划分为无植被覆盖和有植被覆盖两部分区域，假设无植被覆盖区域无蒸发。该模型认为每次降水事件前需有足够的时间使林冠干燥，为此，应保证每两场降水之间有至少8h无降水发生（Herbst等，2008）。模型的基本假设包括：林冠达到饱和以前没有水滴从林冠层滴落；树干径流产生在林冠层达到饱和以后；树干蒸发发生在降水结束以后；树干蒸发只发生在一维空间，没有水平交互作用与对流发生。修正Gash模型计算所需的参数包括气象参数和林分参数两类。修正Gash模型的基本形式为式（1-2）：

$$\sum_{j=1}^{n+m} I_j = c\sum_{j=1}^{m} P_{G_j} + \sum_{j=1}^{n}(cE_{c_i}/R_j)(R_{G_j} - P_G^{'}) + c\sum_{j=1}^{n} P_G^{'} + qcS_{tc} +$$

(1-2)

$$cp_{ct}\sum_{j=1}^{n-q}(1-(E_{c_j}/R_j))(P_{G_j} - P_G^{'})$$

修正Gash模型的分解形式见表1-2。

表1-2　修正Gash模型的分解形式
Tab. 1-2　Analytical form of revised Gash model

模型组成的描述	模型组成的公式描述
林冠未达到饱和（$P_G<P_G'$）的m次降水的截留量（mm）	$c\sum_{j=1}^{n} P_{G_j}$
林冠达到饱和（$P_G \geqslant P_G'$）的n次降水的林冠加湿过程（mm）	$c\sum_{j=1}^{n} P_G^{'} - nS_c$
降水停止前饱和林冠的蒸发量（mm）	$\sum_{j=1}^{n}(cE_{c_i}/R_j)(R_{G_j} - P_G^{'})$
降水停止后饱和林冠的蒸发量（mm）	nS_c
$m+n-q$次树干径流树干未到达到饱和蒸发量（$P_G<P_G'$）（mm）	$cp_{ct}\sum_{j=1}^{n-q}\left[1-(E_{c_j}/R_j)\right](P_{G_j} - P_G^{'})$
q次树干径流树干蒸发量（$P_G \geqslant P_G'$）（mm）	qcS_{tc}

模型参数具体含义详见藏荫桐（藏荫桐，2012）论文详述。

1.3.4　枯落物层降水截持

枯落物层作为森林水文效应的第二活动层，具有降水截持、防止水蚀、抑制土壤水分蒸发，通过过滤泥沙增加土壤有机质、促进入渗，改善土壤物理性质，从而改善土壤的涵养水源能力等作用（余新晓和张志强，2004；张振明等，2005；贾越等，2007；侯瑞萍等，2015）。这些性状依不同的林分起源、林分类型和环境条件或两者的相互作用不同而有所差异（闫文德等，1997；耿玉清和王保平，2000；程金花等，2002；田超等，2011）。近些年国内许多学者对水资源匮乏的干旱、半干旱地区多种森林类型下的枯落物蓄积量、枯落物分解速率、降水截持等方面作了研究，如张卫强等对黄土半干旱区刺槐（*Robinia pseudoacacia*）林地土壤蒸发特性研究表明，枯枝落叶层厚度与土壤蒸发量呈负相关，且增加枯落物覆盖厚度最高可有效抑制一半以上的土壤水分蒸发量（张卫强等，2004）。赵陟峰等通过对晋西黄土丘陵沟壑区刺槐人工林枯落物的持水过程进行研究，以此得出了刺槐人工林的适宜造林密度（赵陟峰等，2010）。时忠杰等研究了宁夏六盘山主要森林类型的枯落物蓄积量、持水能力与过程，表明枯落物蓄积量针叶林最高，阔叶林其次，灌丛最低，且各植被类型的枯落物最大持水率相差较大，介于177.68%~387.42%（时忠杰等，2009）。剪文灏等对冀北山地阳坡不同海拔蒙古栎（*Quercus mongolica*）林枯落物蓄积量调查表明，枯落物蓄积量随海拔升高先增大后减小，在海拔相对高处蒙古栎落叶分解速度最快（剪文灏等，2011）。

1.3.5　森林土壤结构、养分与入渗

　　森林对土壤结构、养分与入渗的影响研究一直是国际生态环境科学的前沿课题。森林经营方式的不同会导致林分内林木生长差异，并直接关系到土壤理化性质和林分生产力。如位于毛乌素沙地东南缘的陕西省榆林市从1952年开始引种栽培沙地樟子松，在固定流动沙地和改善生态环境方面取得了显著成效，但由于樟子松被引种到西北干旱沙区后，其蒸腾水分生理活动随生态环境条件发生了变化，水分成为樟子松成活和生长的关键问题，加上初植时造林密度过大，使林下土壤理化性质也随之改变，养分下降，入渗程度减弱，严重时直接导致樟子松大面积的衰退枯死，在科尔沁沙地东南缘的辽宁省彰武县章古台和其他部分地区也出现了此类现象（廖利平等，1995；汪思龙等，2000；吴祥云等，2004b）。为了克服上述问题专家学者提出了"人工林近自然化"培育经营理论，倡导尽可能使林分建立、抚育、采伐方式同"潜在的自然植被"相接近（许新桥，2006）。以提高人工林的生物多样性，维持其生产力，近自然化经营理论在实践中得到越来越多的验证（王新宇和王庆成，2008）。近些年许多学者对针叶纯林在林地土壤理化性质方面的改善进行了研究（王庆成等，1994；Worrell和Hampson，1997；樊后保等，2006），特别是樟子松人工林在干旱沙区的适宜性、土壤改良效应、生长特性和水分生理研究较多（赵雨森等，1991；王继和等，1999；吴春荣等，2003）。

　　植物根系作为植物与土壤的主要接触面，具有改善土壤结构和固持土壤的功能，植物通过根系在土体中穿插、缠绕、网络、固结，使土体抵抗风化吹蚀、流水冲刷和重力侵蚀的能力增强，从而有效地提高了土壤的抗侵蚀性能，其固持力强弱与土壤结构、根量和根抗力的大小有关，文献中将土壤抗

侵蚀性笼统定义为可蚀性，表示土壤对侵蚀营力分离和搬运作用的敏感程度（朱显谟和田积莹，1993；吴楚等，2004）。王佑民等把表示土壤抗蚀性能的指标按性质归为4类，即土壤的化学性质、土壤的颗粒成分、水稳性团聚体的含量和土壤的分散性与持水特性，认为决定黄土高原土壤抗蚀性的主导因子是土壤中的有机质及颗粒含量或胶体性质（王佑民，2000）。张金池等对苏北海堤林带树木根系的固土作用进行了研究，结果表明，土壤抗蚀性指数与土壤中有机质含量呈正相关，且同一地段的土壤由上而下其抗蚀性指数随有机质含量的减少而减低，不同地类10cm处表层土壤的土壤抗蚀性指数也有很大差别（张金池等，1994）。

土壤内部结构深刻地影响着土壤中物质及能量的运输和流动，反映在地上植被群落特征也发生显著变化（高广磊等，2014a；2014b）。尤其在干旱、半干旱地区，土壤是解析风蚀荒漠化过程及林木阻沙的重要因子，因此，对地表植被的演替发展特征解析，应首先对其林下土壤结构进行量化描述、表达和分析进行处理（Minasny和McBratney，2001；Su等，2004；Wang等，2008；Blott和Pye，2012）。目前，借助于激光衍射技术和分形理论的提出，可以实现对复杂空间尺度的土壤结构进行定量表达，并能定性反映出植被类型对土壤质地和质量的影响（Wang等，2008；王伟鹏等，2014；高广磊等，2014a；高广磊等，2014b）。

1.3.6　林内土壤蒸发

林内土壤蒸发是森林水量与热量平衡中的一项重要分量，土壤表面蒸发量的物理过程为，土壤中的水分通过上升和汽化从土壤表面进入大气的过程。土壤蒸发影响土壤含水量的变化，是土壤失水的干化过程，是水文循环的一个重要环节。土壤蒸发持续进行的条件是：热量到达土面，提供水分汽化所需的汽化热；土面水汽压高于大气水汽压；土面能持续得到土内水分。此外，也有根据土壤蒸发率变化情况，把土壤蒸发过程分为：大气蒸发力控制阶段（即蒸发率不变）、土壤导水率控制阶段（即蒸发率降低）、扩散控制阶段（即干土层的蒸发由水汽扩散控制）（李海军等，2011）。

1.4　林分结构与降水分配功能耦合关系

近年来，科研人员对林分结构与降水功能的耦合关系做了许多研究工作,如王威等以北京市山区水源林的树种组成、林分年龄、林分郁闭度、林分起源、林分层次、林分土壤厚度与林分生物量因子为森林结构,研究了其与涵养水源、保持水土、改善水质功能的耦合关系,构建了水源林结构与功能耦合关系模型(王威等,2011)。鲁绍伟等探讨了水源林林分结构与功能的关系,指出混交林结构优于纯林,混交林土壤理化性质得到改善,从而提高了水源涵养能力(鲁绍伟等,2005)。罗梅等研究得出北京市山区森林生态系统中,阔叶林和灌木林是水源涵养的主体,其林分结构能够含蓄更多降水输入(罗梅等,2011)。李金良和郑小贤根据系统论中结构决定功能的观点,认为只有保持优良的系统结构,系统功能才能得到较好的发挥,健康稳定的森林群落可以充分发挥其生态水文功能、社会功能和经济功能(李金良和郑小贤,2004)。

综上,防护林学发展的目的是构建与经营防护林,使其防护功能或生态服务功能高效、稳定和可持续。目前,毛乌素沙地以樟子松人工林为建群种的植物固沙模式效果较好,但是伴随着林分初期配置不当,栽植密度过大,苗木存活后,对有限的降水输入水分竞争加剧,导致生长缓慢,无法涵养水源,甚至枯死现象在"三北"沙化地区较为常见。根据我国学者最近在"三北"防护林建设区现有沙区樟子松生态适宜性区划基础上,计算不同适宜区不同年龄樟子松耗水量,并基于水量平衡,确定"三北"沙区樟子松固沙林不同降水、年龄和经营密度可知,樟子松人工林受水分限制因素较为明显(宋立宁等,2017),同时,相较于沙区其他树种的水分研究,樟子松研究还较为缺乏,造林密度选择也是基于林木培育环节而非水分角度考量(龚容和高琼,2015;金鹰和王传宽,2015;倪广艳等,2015;王辉等,2015;周娟等,2015;曾泽群等,2017;罗丹丹等,2017),加之植物蒸腾耗水的动态机制较为复杂,除了受自身生理特性影响外,还受其他环境因子的综合影响,气象因子、土壤因子内部之间相互作用强烈,如何分离出驱动蒸腾作用的主导因子显得尤为重要。在毛乌素沙地南缘樟子松林分枯落物和土壤层的水文效应、樟子松林的降水截留等方面的研究也值得关注。综上,对潜在沙地樟子松造林区,按规划区域和设计密度进行造林应重点考虑樟子松林分的水源涵养功能,以及林分结构与降水分配功能的耦合作用,适当调整沙地樟子松林的密度,这在以樟子松人工林为主的防护林建设中是尤为需要注意和警觉的,而对这个问题的解决,目前还十分缺乏,也是科研工作者和林区工作人员下一步需要开展的工作。

2 研究区域概况

2.1 研究区位置

毛乌素沙地（Mu Us Sandy Land）也称鄂尔多斯沙地。毛乌素沙地位于北纬37°30′~39°20′，东经107°20′~111°30′，面积为4.00×10⁴km²。毛乌素沙地海拔为1 300~1 600m，相对高差在30~50m。地形由西北向东南倾斜，地貌以"梁""滩"平行相间排列。毛乌素，地名起源于陕北靖边县海则滩乡毛乌素村。自定边孟家沙窝至靖边高家沟乡的连续沙带称小毛乌素沙带，是最初理解的毛乌素范围。由于陕北长城沿线的风沙带与内蒙古鄂尔多斯（伊克昭盟）南部的沙地是连续分布在一起的，因而将鄂尔多斯高原东南部和陕北长城沿线的沙地统称为"毛乌素沙地"。毛乌素沙地位于陕西省榆林市长城一线以北，因此榆林市也被称为驼城，意为沙漠之城，毛乌素沙地降水较多（400mm左右），有利于植物生长，原是畜牧业较发达地区，固定和半固定沙丘的面积较大（许冬梅等，2008）。

榆林位于中国陕西省的最北部，黄土高原和毛乌素沙地交界处，是黄土高原与内蒙古高原的过渡区。东临黄河与山西省隔河相望，西连宁夏、甘肃，南接延安，北与鄂尔多斯相连，系陕西、甘肃、宁夏、内蒙古、山西5省（区）交界地。东西最大长度为309km，南北最大宽度为295km，总面积43 578km²，约占陕西省21%，居陕西省10个地级市之首。地理坐标为北纬36°57′~39°35′，东经107°28′~111°15′，该区域过渡性特征明显，在地貌类型上属于毛乌素沙地向陕北黄土梁峁丘陵区的过渡区域，主要地貌类型为风沙地貌和黄土地貌两种。榆林市在经济活动上，又是典型的农牧交错带和农牧业与工矿业的过渡区域。风蚀沙化和水土流失等生态环境问题与能源产业的发展叠加影响，使本区生态环境更加复杂和脆弱，历来是我国重点水土保持地区和生态环境脆弱区。因此，针对本区域的生态安全预警研究是十分必要的，对于实现区域可持续发展具有重要意义（高宇等，2015）。

研究区位于榆林市城北6km的榆林市珍稀沙生植物保护基地，该区地处毛乌素沙地南缘，位于北纬38°16′，东经109°12′，海拔为1 249m，总面积为178.30km^2，属暖温带干旱、半干旱大陆性季风气候。该植物园建于1957年，土壤类型主要为风沙土，植被从森林草原地带逐渐向典型干草原地带、荒漠草原地带过渡，地带性植被主要是与沙基质相联系的各种灌木为主的植物群落（Deng等，2017；邓继峰等，2017）。

2.2　气候条件

毛乌素沙地冬季盛行西北季风，空气干燥，少雨；夏季受到暖湿气流的影响，降水集中，常形成暴雨，春秋季节多大风。毛乌素沙地太阳辐射较强，其日照时数、日照百分率与辐射量均由东南向西北增加。年日照时数在东南部为2 800～2 900h，在西北部为3 000～3 100h；年均温度由东南向西北递减，在6～9℃。年均降水量东南部为490mm，向西递减为200mm，降水集中分布在7—9月，多以暴雨形式出现，约占全年降水量的70%；气候干燥度由东南（1.5）向西北（2.0）逐渐增加。毛乌素沙地与其他沙漠相比，自然条件优越，水热条件配合较好，植被种类较多（许冬梅等，2008）。

榆林市是中国日照高值区之一，在陕西省，日照时间榆林市最长，年平均日照时数为2 593～2 914h。一年之中5—8月日照较多，12月至翌年2月较少。平均日照百分率为59%～66%。气温四季明显，春温大于秋温，春季升温快而不稳定，秋季降温迅速，冬季受北方冷气团控制，气压高、天气晴朗，多高云，冬季平均气温为−7.8～4.1℃，气温变化梯度大，梯度方向东南至西北。10月下旬至翌年4月上旬为大地封冻期，一般年份冻土深度为1～1.2m，入春以后，气温明显回升，平均日增温0.2℃左右。但由于西伯利亚极地干冷气团仍不断南下侵袭，使春季温度很不稳定，5月中旬局部亦可骤然降雪，到夏天受大陆气团和副热带高压西伸北抬的影响，气温高，天气炎热，各月平均气温在20℃以上，日最高气温≥30℃的日数，多年平均为22～68d。气温梯度小，梯度方向近东至西；秋季在极地气团的侵袭和稳定控制下，迅速降温，尤以10—11月最为剧烈，平均每天降温0.3℃（王鸣远等，2002）。

研究区属温带半干旱大陆性季风气候。全年日照时数为2 928h，年平均气温为10℃，10℃以上活动积温为3 208℃，无霜期为134～153d，年均气温为8.8℃。1月平均气温为-8.6℃，7月平均气温为23.9℃。年均降水量为400mm，主要集中在每年的7—9月，占全年降水量的70%，历年降水量变化较大，最大日降水量为142mm，占年降水量的34%，年蒸发量是年降水量的5倍以上（Deng等，2018）。

2.3　地貌土壤状况

毛乌素沙地大部分位于淡栗钙土干草原地带，向西北部过渡为棕钙土半荒漠地带，向东南过渡为黄土高原暖温带黑垆土地带这几个自然地带的过渡地区，土壤也表现出水平地带性的变化。草原地带的土壤以风沙土为主，地势高处也有黄绵土分布。研究区位于毛乌素沙地的南缘，属风沙草滩区，土壤类型为固定风沙土，pH值为7.2。研究区造林时经过整地，地形起伏较小。

2.4　水文状况

毛乌素沙地的水分供应来自大气降水、河川、湖泊以及地下水。毛乌素沙地地下水资源比较丰富，分布普遍但不均衡，其浅层地下水储存量达1.2×10^{11}t，地下水主要靠大气降水补给，补给量多年平均为1.4×10^9t。

榆林市境内有大小53条河流汇入黄河，均较短小。汇入黄河的河流以黄河为侵蚀基准，流向由西北向东南，支流呈树枝状并从下游到上游增多。较大的河流下游为基岩峡谷，比降较大，支流少而短直；中游一般河谷宽阔，漫滩阶地发育，河道宽浅，较大的支流多在中游汇集。上游多发育在老谷涧上，河流深切成黄土峡谷，比降大，多跌哨，流向受古地形的谷、涧走向控制，支流较多。榆林市水资源总量为3.2×10^9t，年均地表流量为2.6×10^9t，浅层地下水补给量1.9×10^9t。距研究区约200m处有小型水库1个，水库水面高程比研究区低10～12m，因此可以认为水库对樟子松生长影响不大（Deng等，2017）。

2.5 植被状况

毛乌素沙地的自然植被分布极少，主要表现为残存的片段或个别植物代表群落，植被主要以次生林或人工林为主。总体上，毛乌素沙地植被可划分为3个地带和三大类群。从西部向东南，由于降水量的增多，植被地带由荒漠草原亚地带逐渐过渡到中东部的典型草原并最终向森林草原过渡，但由于沙基质的覆盖，在植被上差异不显著，一般仍划为干草原亚地带。毛乌素沙地草场面积达$2.6 \times 10^6 hm^2$，占总土地面积的64%，有林地面积达$1.0 \times 10^6 hm^2$，占总土地面积的25%，林地有天然灌木林、防护林和经济林。天然灌木林占有林地面积的50%以上，有沙柳（*Salix cheilophila*）、乌柳（*Salix cheilophila*）灌丛、沙棘（*Hippophae rhamnoides*）沙柳灌丛组成的柳湾林、臭柏（*Sabina vulgaris*）灌丛和白刺（*Nitraria tangutorum*）灌丛等。

榆林市珍稀沙生植物保护基地经过半个世纪的努力，现已全部改造固定沙地，植被覆盖达到85%以上，全园共搜集45科167个植物种，以植物园为试验基地，取得了飞播治沙、植物引种、沙地植被建设等一大批研究成果和配套技术，收集选育出适合我国北方干旱、半干旱地区种植的主要植物种樟子松、油松等，次要植物旱柳（*Salix matsudana*）、刺槐（*Robinia pseudoacacia*）、胡杨（*Populus euphratica*）、沙地柏（*Juniperus sabina*）、花棒（*Hedysarum scoparium*）、杨柴（*Hedysarum mongolicum*）、达乌里胡枝子（*Lespedeza davurica*）、紫花苜蓿（*Medicago sativa*）、沙蒿（*Artemisia desterorum Spreng*）和狗尾草（*Setaria viridis*）等几十个林草植物种，并已在生产中大面积推广应用（许冬梅等，2008）。

3 研究内容与方法

3.1 技术路线

研究技术路线图如图3-1所示。

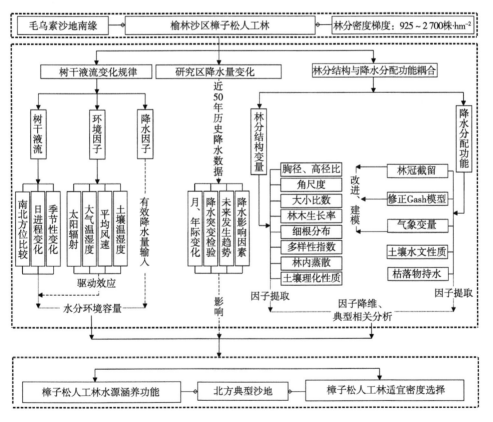

图3-1 技术路线

Fig.3-1 Technology road

3.2 观测样地的选取

2013年经充分调查，在榆林市珍稀沙生植物保护基地内，选择20世纪80年代中后期栽种的不同密度的樟子松人工林，林龄24～28年（中龄林），样地选择根据试验区的自然情况、初植密度情况、样地设置大小，选择立地条件相同且人为干扰相对较少的林地，林地布设范围为30m×30m，并选择无林样地的裸沙地为对照样地（CK）。距研究对象15m以内，无其他乔木和高度超过1m的灌木，无临近水库等外部水源影响，研究区地下水位低于15m，樟子松细根未触及地下水。研究对象不受风蚀、水蚀等胁迫影响。樟子松建林的土壤条件为固定风沙土，对各样地内樟子松林木进行每木检尺，计测樟子松人工林各林木林龄、平均树高、平均胸径、郁闭度和东西南北冠幅等指标，见表3-1。

表3-1 不同密度的樟子松人工林林分特征描述

Tab. 3-1 General information of the Mongolian pine plantations

样地号#	林龄（年）	密度（株·hm^{-2}）	平均树高（m）	平均胸径（cm）	高径比	郁闭度（%）	东西南北冠幅（m）
P$_I$	27	925	10.26	16.67	0.63	65	4.19
P$_{II}$	25	1 100	11.00	16.65	0.66	55	2.01
P$_{III}$	25	1 200	9.83	14.54	0.68	55	2.73
P$_{IV}$	27	1 250	12.06	19.04	0.63	75	4.06
P$_V$	28	1 300	10.16	15.17	0.69	70	4.07
P$_{VI}$	24	1 350	8.30	13.18	0.63	45	2.68
P$_{VII}$	24	1 475	10.62	14.51	0.73	50	2.49
P$_{VIII}$	25	1 800	10.28	16.10	0.64	65	5.28
P$_{IX}$	28	2 050	10.35	13.65	0.72	76	2.50
P$_X$	27	2 250	8.89	13.00	0.78	80	3.12
P$_{XI}$	27	2 700	9.79	11.29	0.92	90	1.99

3.3 树干液流的测定

3.3.1 标准木的选择

为了能够较全面地了解不同生长状况樟子松林木的蒸腾耗水规律，在平坦沙地上，选择P_{VII}样地（林分密度为1 475株·hm^{-2}），林龄为24年，以胸径大小为指标，在样地内选择树干通直饱满、无病虫害的樟子松标准木3株，基本情况如表3-2所示。

表3-2　研究对象概况

Tab. 3-2　General information of sample trees

标准木	胸径（cm）	枝下高（m）	树高（m）	冠幅（m）			
				北	南	东	西
最大木	26.40	1.60	11.70	2.50	2.70	2.10	1.90
平均木	19.40	1.50	11.10	1.50	2.10	1.40	1.50
最小木	11.70	1.50	6.00	1.10	1.70	1.80	1.30

3.3.2 液流速率的观测

TDP（Thermal dissipations sap flow veloeity probe，TDP）茎流仪由供电系统、控制系统、数据采集器、探针和数据处理软件组成。供电系统包括太阳能电池板1块、蓄电池1组和变压器1个，通过转化太阳能为电能，储存在蓄电池内，在测量期间为茎流仪提供电量；控制系统控制电流的输入、探针的测定等，实现了系统的自动化控制；数据采集器按照事先设定的程序，每隔20s测定一次，每隔15min记录一次数据，研究人员每隔10d采集一次数据。每组TDP探针包括两个热电偶的探针，两个探针在同一个竖直方向上，一上一下插入树干，测定时，上面的探针以恒定电流持续加热，下面的探针不加热，两个探针直接会产生温度差异，液流速率不同，通过液流扩散的热量也不同，两个探针之间的温差也会不同，液流速率越大，温差越小，通过测定温差可以计算得出液流速率。数据采集器记录的数据通过数据线或无线连接的方式输入电脑中，经过数据处理软件的计算可以得出各探针测定的瞬时液流速率，探针在出厂前经过严格的校准，保证了测定的精度（Deng等，2015）。

探针的安装包括以下步骤：在测定对象的胸高1.3m处，正南和正北方向各安装一组探针（FLGS-TDP热扩散式树干液流计）（TDP，Dynamax Inc.，Houston，TX，USA）；将表层的死亡树皮刮去，露出新鲜的树皮；在同一竖直方向上，间隔10cm用钻头各钻直径2mm、深30mm的孔两个，两个孔要与树皮垂直并且朝向树干髓心；在钻孔内分别插入外部直径2mm，内部直径1.5mm，长30mm的铝管；在探针的表面涂上导热明胶，按照加热探针在上、测定探针在下的顺序插入铝管；将探针的导线用胶带固定到树干上，防止因拉扯到导线引起探针的移动；最后用镀有锡纸的泡沫板将探针与树干严密包裹，并用玻璃胶和胶带密封泡沫板与树干之间的缝隙，防止太阳辐射和降水等外部条件影响探针的测定精度，数据采集频率为15min，定期收集原始数据（鲁小珍，2001；马履一和王华田，2002；孙慧珍，2002）。根据Granier经验公式，采用Baseline软件将原始数据转换为液流速率值和整树蒸腾值（Nourtier等，2011），见式（3-1）：

$$J_S = 119 \left(\frac{\Delta T_m - \Delta T}{\Delta T} \right)^{1.231} \qquad (3-1)$$

式中：J_S为平均液流密度（cm·h^{-1}）；ΔT_m为1d中2个探针的最大温度差（℃）；ΔT为2个探针的温度差（℃）。

整树蒸腾（E_t，L·h^{-1}）的计算公式为式（3-2）：

$$E_t = 0.01 J_S A_S \qquad (3-2)$$

式中：A_S为边材面积（m^2）。

3.3.3　环境因子获取

气象环境指标观测采用荒漠化监测系统测定数据，对2013年降水季节和2014年生长季内的二级气象数据：气温、相对湿度、平均气压、平均风速和平均太阳辐射通量进行观测，荒漠化监测系统距离P$_\text{VIII}$样地为124m，因此可以忽略两者之间气象因子的差异，荒漠化监测系统与液流仪的数据测定同步进行。并调用历史观测数据得到1960—2015年降水量、大气温度、相对湿度、风速和自由水面蒸发量一级气象数据，用于分析连年的降水量和主要气象因子的变化趋势。

土壤水分由土壤墒情仪进行实时同步监测，其工作原理为墒情仪发射一定频率的工作信号，信号沿不锈钢探针传输，信号进入土壤后，由于阻抗不匹配引起部分信号被反射回传输线，原始信号与反射回的信号形成驻波叠加，由于信号反射率取决于土壤的介电常数，而土壤的介电常数跟土壤的含水率呈一定的线性关系，从而可以通过测定驻波叠加信号计算土壤含水率，仪器测定的含水率为体积含水率。土壤墒情仪安装在距离P_{VIII}样地1.5m远的林内，由于樟子松的吸收根主要分布在10~60cm的土层中，所以墒情仪探针分别安装到深10cm、30cm、50cm的土层中，计算其平均值作为土壤的体积含水率。

水汽压亏缺（VPD）由大气温度和空气相对湿度推算而成，见式（3-3）：

$$VPD = 0.611e^{[17.502T_a/(T_a+240.97)]}(1-RH) \tag{3-3}$$

式中：T_a为大气温度（℃）；RH为空气相对湿度（%）。

3.4 林分空间结构指标获取

选取我国学者常用的林分空间结构指标：角尺度和大小比数（因为所调查林分均为人工林纯林，故未用混交度指数）进行分析及计算，将获得的数据输入Winkelmass软件（中国林业科学研究院林业研究所森林培育研究室）里进行计算。

3.4.1 角尺度

角尺度是描述4株最近林木围绕参照树i的均匀性。通过将参照树及其相邻木构成的交角与均匀分布时的期望夹角的比较来分析林木的分布状况，见式（3-4）：

$$W_i = \frac{1}{n}\sum_{j=1}^{n} z_{ij} \tag{3-4}$$

$$z_{ij}\begin{cases}1 & \text{第 } j \text{ 个夹角} a \text{小于标准角} i \\ 0 & \text{否则}\end{cases}$$

式中：W_i为第i株中心木的角尺度。

角尺度取值范围0~1，W_i=0表示4株邻近木之间构成的夹角均不小于标准角，中心木分布均匀；W_i=1表示4株邻近木之间构成的夹角均小于标准角，中心木分布极度不均匀。W_i值的分布可以表示林分中个体分布的三种格局：随机、均匀和团状（惠刚盈等，1999；惠刚盈和胡艳波，2001；Fichtner等，2018）。

3.4.2　大小比数

林分大小比数定义为大于参照树的相邻木株数占所考察的全部最近相邻木的比例。所谓的"大小"用树高、胸径、生物量、冠幅和分枝角均可表示，具体见式（3-5）：

$$U_i=\frac{1}{n}\sum_{j=1}^{n}k_{ij}\qquad\qquad（3-5）$$

式中：U_i为树种的第i个大小比数值。如果相邻木j比参照树i小，$k_{ij}=0$；否则，$k_{ij}=1$。大小比数量化了参照木与其相邻木的大小关系，大小比数有5种取值可能：0.00、0.25、0.50、0.75、1.00，分别对应最近4株相邻木都小于参照树、1株大于参照木、2株大于、3株大于和4株都大于参照木。对应于参照木在相邻木中不同优势程度，即优势、亚优势、中庸、劣态和绝对劣态（惠刚盈，1999；惠刚盈等，2004）。不符合人们比较习惯，因此在本研究中将其大小判定的顺序颠倒（图3-2）。

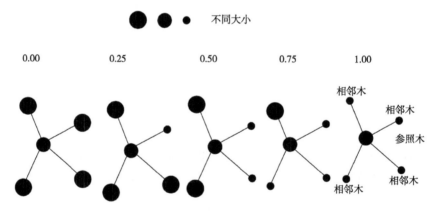

图3-2　大小比数取值

Fig.3-2　Schematic diagram of neighborhood comparison

3.4.3　林木生长量测定

生长锥（Increment borer）是测定树木年龄和直径生长量的专用工具。利用树木生长锥对每个样地的15株林木进行木芯钻取。使用生长锥时，在树木约胸高1.3m处，先将锥筒装置于锥柄上的方孔内，用右手握柄的中间，用左手扶住锥筒以防摇晃。垂直于树干将锥筒先端压入树皮，而后用力按顺时针方向旋转，待钻过髓心为止。将探取杆插入筒中稍许逆转再取出木条，木条上的年龄数，即为钻点以上树木的年龄。加上由根颈长至钻点高度所需的年数，即为树木的年龄。

采用施耐德材积生长率公式，见式（3-6）：

$$Pv = \frac{K}{nd}$$ （3-6）

式中：n 为胸高处外侧1cm半径上的年轮数；d 为去皮胸径；K 为生长系数，取值为600。施耐德公式所用到的外业操作简单，测定精度又与其他方法大致相近，直到今天仍是确定立木生长量的最常用方法。

3.4.4 物种多样性指数

对 P_I（925株·hm^{-2}）、P_{III}（1 200株·hm^{-2}）、P_{IX}（1 300株·hm^{-2}）、P_X（2 250株·hm^{-2}）和 P_{XI}（2 700株·hm^{-2}）样地内草本的调查以1m×1m大小的小样方为单位进行，主要调查内容有草本的种类、高度、株数、盖度和生长状况等，进而计算每个样地不同物种的重要值，并统计不同密度的样地内各物种的多样性指数和均匀度指数和相似性指数。物种多样性反映的是在一个群落中，物种的数量和物种在这个种群中分布的状况，也就是均匀度，是群落中物种的丰富度和群落、自然地理条件相互关系的体现，见式（3-7）：

$$I = (C + H + F)/3$$ （3-7）

Simpson多样性指数，见式（3-8）：

$$D = 1 - \sum P_i^2$$ （3-8）

式中：P_i 为第 i 个物种的重要值占所有种重要值之和的比例。

Shannon多样性指数，见式（3-9）：

$$H' = -\sum P_i \ln P_i$$ （3-9）

Pielou均匀度指数，见式（3-10）：

$$Jw = (-\sum P_i \ln P_i)/\ln S = H'/\ln S$$ （3-10）

Alatalo均匀度指数，见式（3-11）：

$$E_a = [(\sum P_i^2)^{-1} - 1]/[\exp(-\sum P_i \ln P_i) - 1]$$ （3-11）

式中：I 为重要值；C 为相对盖度；H 为相对高度；F 为相对频度；P_i 为

27

第i个物种的重要值占所有物种重要值之和的比例；S为出现在样方的物种数；w为不同样地地表植被共有物种数。

3.4.5　地下土壤细根分布测定

在各样地外，在平坦的沙地上，选择长势良好的小、中、大沙地樟子松3棵（树龄分别为18年、27年和39年）（胸径分别为5.4cm、10.0cm和15.1cm，树高分别为5.9m、8.8m和12.1m，东南西北向的平均冠幅分别为2.4m、4.9m和6.8m）。2013年8月采用北京惠泽农厂家生产的根钻进行取样，根钻体积为503cm³。在研究对象东西、南北向，以树干基部起0.5m为隔点设置水平取样点。考虑到樟子松细根主要分布在1m以内土层中，所以取样垂直深度设计为1.2m。根钻所取根量作为该取样点该层次的根量，取至根系明显稀疏为止，将土样过1mm筛，剔除死亡根和其他植物的根系，拣出沙地樟子松的根系，洗净。用游标卡尺测量根系直径并拣出小于2mm的细根，然后放入65℃烘箱烘干至恒重，称重。根重密度作为衡量细根量的指标，根重密度（kg·m⁻³）为根系干重（kg）与土壤体积（m³）的比值。将过筛的土样放入铝盒，利用烘干称重法测定其土壤含水率。

3.5　穿透雨、树干径流和郁闭度的测定

根据基础调查数据，在樟子松人工林P_I（925株·hm⁻²）、P_{IV}（1 250株·hm⁻²）、P_{VII}（1 475株·hm⁻²）、P_X（2 250株·hm⁻²）、P_{XI}（2 700株·hm⁻²）样地内（按林分密度梯度划分选择），沿对角线分别对林地边缘至林地中心再至边缘，选出4棵标准木（以平均冠幅为标准），在样地内标准木下安置2~3个塑料材料制成的长方形集水槽，收集面积为1.5m×0.2m，每个集水槽距离树干0.5~1.0m；同时在CK样地上安置2个集水槽作为对照，为了避免灌木和草本植物对穿透雨量的影响，集水槽的放置高度应高于周围灌木和草本的高度，集水槽较低的一端底部用塑料管连接体积为10L的塑料桶，同时每次降水前把集水槽内的凋落物等杂物清理干净。树干径流的测定：将直径为2.0cm大小的聚乙烯塑料管沿中缝剪开一段，然后用钉子将塑料管开口处固定在树干上，再将剪开的塑料管从两边螺旋上升缠绕于树干一圈，用玻璃胶将接缝处封严，在塑料管的下端接一个10L塑料桶，用于收集树干径流。每次降水结束及时用标准雨量筒测量塑料桶内水的体积。林冠截留量为

通过观测的林外降水量减去穿透雨量和树干径流量计算求出。

各样地总穿透雨量公式可以按式（3-12）计算：

$$P_t = 1/3(D_{t1} + D_{t2} + D_{t3} + D_{t4})f \qquad (3-12)$$

式中：P_t为各样地的雨量测定值；f为样地郁闭度。各集雨桶描述见表3-3。

利用通用广角微距鱼眼外置摄像镜头，在各集水桶的中心正上方拍摄鱼眼照片。使用Adobe Photoshop CS 13.0.0（Adobe Systems Incorporated, Newton., MA USA）软件统计二值化图像中天空影像像素数量与去除树干的总影像像素数量之比，得到郁闭度。

表3-3 各集雨桶所在样地林分结构特征

Tab. 3-3 Stand characteristics of the rain-water collection sample plots

样地编号	各集水桶编号	树高（m）	冠幅（m）	单木郁闭度	上方冠层特点
P_I	#单木1-1	12.00	4.00	0.30	浓密，有间隙
P_I	#单木1-2	11.50	4.10	0.40	浓密，有间隙
P_I	#单木1-3	10.50	4.00	0.50	较浓密，有间隙
P_I	#单木1-4	11.00	4.18	0.60	较浓密，冠形完整
P_{IV}	#单木4-1	12.00	4.02	0.40	浓密，有间隙
P_{IV}	#单木4-2	11.50	4.00	0.30	浓密，有间隙
P_{IV}	#单木4-3	12.50	4.06	0.10	较稀，冠层间隙
P_{IV}	#单木4-4	11.50	4.05	0.50	较浓密，有间隙
模型样地P_{VII}	#单木7-1	13.50	2.50	0.35	浓密，有间隙
模型样地P_{VII}	#单木7-2	11.50	2.60	0.35	浓密，有间隙
模型样地P_{VII}	#单木7-3	11.00	2.50	0.40	浓密，有间隙
模型样地P_{VII}	#单木7-4	7.00	2.50	0.50	较浓密，冠形完整
P_X	#单木10-1	8.00	3.10	0.30	浓密，有间隙
P_X	#单木10-2	7.00	3.20	0.25	较稀，冠层间隙
P_X	#单木10-3	7.00	3.30	0.60	较浓密，冠形完整
P_X	#单木10-4	9.00	3.10	0.30	浓密，有间隙
P_{XI}	#单木11-1	12.00	2.00	0.25	较稀，冠层间隙
P_{XI}	#单木11-2	12.50	1.90	0.30	浓密，有间隙
P_{XI}	#单木11-3	9.00	1.96	0.20	较稀，冠层间隙
P_{XI}	#单木11-4	11.50	2.00	0.25	较稀，冠层间隙

P_{VII}样地林木密度适中，穿透雨量异常值少，林木冠幅结构完整，因此选作修正Gash模型模拟用的模型样地。

3.6 林下枯落物持水效应

在每个样地内随机选取6个1.0m×1.0m的样方；所有数据做均匀化处理，对样方内的枯落物半分解层（难分辨已分解层故将其划入半分解层）（F层）和未分解层（L层）分别收集（程金花等，2002）。现场记录枯落物层厚度等相关数据，将枯落物带回实验室，利用1%便携式电子天平称重，并在102℃下烘干至恒重。枯落物持水量和吸水速率的测定用室内浸泡法测定（邓继峰等，2014）。枯落物有效拦蓄量的测定，见式（3-13）：

$$W = (0.85g_m - g_o)M \qquad (3-13)$$

式中：W为有效拦蓄量（$t \cdot hm^{-2}$）；g_m为最大持水率（%）；g_o为自然平均含水率（%）；M为枯落物蓄积量（$t \cdot hm^{-2}$）（姜海燕等，2007）。

3.7 土壤性质调查

在每个样地中，布设3个样点，每个样点分层取土样（0~1.0m）。用环刀取样，用于土壤物理性质的测定。另取3层土样（0~10cm、10~30cm和30~60cm）带回实验室风干后，过筛去除土中杂质，用于土壤化学指标分析。同时，在0~10cm和20~30cm两个层次各取土壤样品300g，对土样先进行预处理：将所有土样过筛（2mm孔径），加入质量分数为30%的H_2O_2溶液，去除有机质，再加入NaHMP溶液浸泡，用超声波震荡30s破坏土粒的团聚结构，预处理结束后，将所有土样放置至仪器中进行土壤粒度分析。

3.7.1 土壤物理性质测定

在实验室利用烘干法测定土壤含水量，用环刀法测定土壤容重、孔隙度等性质，其中土壤持水量采用式（3-14）计算：

$$S = 1\,000ky \qquad (3-14)$$

式中：S为土壤持水量（$t \cdot hm^{-2}$）；k为土壤层厚度（cm）；y为非毛管孔隙度（%）。土壤渗透性采用双环渗透法测定（白晋华等，2009）。

3.7.2 土壤化学性质测定

样品送到北京市农林科学院进行检测，检测标准如下。全氮（N）：NY/T 53—1987《土壤全氮测定法》；水解性氮：TF/JF 23—2005《土壤中水解性氮的测定（碱解蒸馏法）》；有机质：NY/T 85—1988《土壤有机质测定法》；全磷（P）：LY/T 1232—1999《森林土壤有效磷的测定》；全钾（K）：NY/T 87—1988《土壤全钾测定法》；速效钾：LY/T 1236—1999《森林土壤速效钾的测定》；pH值：LT/T 1239—1999《森林土壤pH值的测定》。

3.7.3 土壤蒸发测定

参照《土壤物理性质测定方法》，考虑到电子称的精度随量程增大而减小，应尽量让带土筒重与电子称量程相近，并以土壤饱和吸水后的重量为最大量程，适当缩放蒸发装置，采用PVC管自制土筒。PVC尺寸为长50cm，宽50cm。每天7：00—16：00和19：00在樟子松人工林P_I、P_{IV}、P_{VII}、P_X、P_{XI}样地林内选定林中和林缘3个测点，各测定一次，计算土壤日蒸发量。

3.7.4 土壤粒度分析

在樟子松人工林P_I、P_{IV}、P_V（1 300株·hm^{-2}）、P_{VI}（1 350株·hm^{-2}）、P_{VII}、P_{IX}（2 050株·hm^{-2}）、P_X和P_{XI}。按照"S"形采集A层（0～10cm）和B层（20～30cm）两个层次土壤样品各3份（非林缘部位）。

根据土壤采样，利用MasterSizer2000型土壤粒度分析仪（Malvern，Inc.，Malvern，UK），采用激光衍射技术测定土壤粒径分布，土壤粒径范围在0.02～2 000μm，每例土样每层重复测定3次，取算术平均值。输出结果为黏粒（<2μm）、粉粒（2～50μm）、极细沙（50～100μm）、细沙（100～250μm）、中沙（250～500μm）、粗沙（500～1 000μm）和极粗沙（1 000～2 000μm）相应的体积分数及体积分数为5%、16%、25%、50%、75%、84%和95%所对应的沙粒粒径用以计算粒度参数（Perfect和Kay，1991；Perfect等，1993）

根据伍登—温德华粒级标准，利用克鲁宾对数转化法将实际土壤粒径转换为有利于计算Φ值，见式（3-15）：

$$\Phi = -\mathrm{lb}\,d = -\ln d\,/\ln 2 = -3.322\lg d \qquad (3\text{-}15)$$

式中：lb、ln、lg均为对数函数；d为土壤颗粒直径（mm），并用Φ_5、Φ_{16}、Φ_{25}、Φ_{50}、Φ_{75}、Φ_{84}和Φ_{95}分别代表体积分数为5%、16%、25%、50%、75%、84%和95%所对应的沙粒粒径（Rasiah等，1993；Zhong等，2018）。

根据公式3-15，采用克伦拜因和福克法计算土壤粒度特征参数，见式（3-16）。

平均粒径，见式（3-16）：

$$d_0 = \frac{1}{3}(\phi_{16} + \phi_{50} + \phi_{84}) \qquad (3\text{-}16)$$

平均粒径d_0反映了沙物质粒度的平均状况，是研究沉积韵律规律和追索物质来源的依据（Perfect和Kay，1995；Pachepsky等，1996）。

标准偏差，见式（3-17）：

$$\sigma_0 = \frac{1}{4}(\phi_{50} - \phi_{16}) + \frac{1}{6.6}(\phi_{95} - \phi_5) \qquad (3\text{-}17)$$

标准偏差σ_0反映了沙物质粒度分布的分散程度，根据取值范围划分7个分选级别：分选极好（$\sigma_0 \leqslant 0.35$）、分选好（$0.35 < \sigma_0 \leqslant 0.50$）、分选较好（$0.50 < \sigma_0 \leqslant 0.71$）、分选中等（$0.71 < \sigma_0 \leqslant 1.00$）、分选较差（$1.00 < \sigma_0 \leqslant 2.00$）、分选差（$2.00 < \sigma_0 \leqslant 4.00$）和分选极差（$\sigma_0 > 4.00$），7个级别从比较集中过渡到比较分散（Posadas等，2003；Montero，2005；Blott和Pye，2012）。

偏度，见式（3-18）：

$$S_0 = \frac{\phi_{16} + \phi_{84} - 2\phi_{50}}{2(\phi_{84} - \phi_{16})} + \frac{\phi_5 + \phi_{95} - 2\phi_{50}}{2(\phi_{95} - \phi_5)} \qquad (3\text{-}18)$$

偏度S_0反映了沙物质粒度粗细分配的对称性，根据取值范围分5个偏度等级：极负偏度（$-1.0 \leqslant S_0 < -0.3$）、负偏度（$-0.3 \leqslant S_0 < -0.1$）、近于对称（$-0.1 \leqslant S_0 < 0.1$）、正偏度（$0.1 \leqslant S_0 < 0.3$）和极正偏度（$0.3 \leqslant S_0 \leqslant 1.0$），5个等级从细粒物质占比较大过渡到粗粒物质占比较大（Wang等，2006；Zhao等，2006；Wang等，2008；Jia等，2009；Gui等，2010）。

峰态值，见式（3-19）：

$$K_0 = \frac{\phi_{95} - \phi_5}{2.44(\phi_{75} - \phi_{25})}$$ （3-19）

峰态值K_0反映了沙粒粒度分布的集中程度，根据取值范围分6个峰度等级：很宽平（$K_0 \leqslant 0.67$）、宽平（$0.67 < K_0 \leqslant 0.90$）、中等（$0.90 < K_0 \leqslant 1.11$）、尖窄（$1.11 < K_0 \leqslant 1.56$）、很尖窄（$1.56 < K_0 \leqslant 3.00$）和极尖窄（$K_0 > 3.00$），6个等级从比较分散过渡到比较集中（高广磊等，2014a；2014b）。

分形维数是可以实现复杂土壤结构特征的定量表达，还可以有效指示土壤含水率、土壤肥力、土壤退化程度等土壤性质和特征。

分形维数，见式（3-20）：

$$\frac{V(r < R_i)}{V_T} = \left(\frac{R_i}{R_{\max}}\right)^{3-D}$$ （3-20）

式中：D为土壤体积分形维数；r为土壤粒径（mm）；R_i为粒径等级i的土壤粒径（mm）；$R_{\max}$为土壤粒径的极大值（mm）；$V(r<R_i)$为土壤粒径小于R的土壤体积分数（%）；V_T为各粒径等级体积分数之和（%）（Domec和Johnson，2012；Wahren等，2012；Gao等，2014；Cezary等，2016；Gao等，2016）。

3.8　数据处理

多元统计应用和Pearson相关性分析用SAS9.5（SAS Institute Inc.，NCSU，NC，USA）和SPSS21.0（IBM Inc.，NC，USA）软件分析。用OriginPro 9.0（OriginLab Inc.，Northampton，MA，USA）和SciDAVis（DHI Group，Inc.，NY，USA）绘图。利用Winkelmass软件（中国林业科学研究院林业研究所森林培育研究室）分析并处理林分空间结构指标。

4 榆林沙区长期降水变化特征

当前，全球环境问题越来越引起人们的关注，其中，温室效应是研究的热点。由于工业化社会的迅猛发展，CO_2等温室气体的大量排放，全球暖化已成为不争的事实，气候变化特别是温室效应可通过降水的改变影响水分截流、地表径流和蒸发等整个水循环过程，势必加剧水资源系统的不稳定性和水资源供需的矛盾。体现在降水的丰枯期变化剧烈直接导致经济和生态环境的灾难（Liang等，2011；Huang等，2015；Huang等，2016；Johnson等，2016）。在中国，降水被认为是占据水资源利用的首要位置，因此绝大多数水资源利用分配战略是基于连年降水规律制定的（白爱娟和刘晓东，2005）。因此，全面认识研究各地降水量的长期变化规律及发展趋势就显得至关重要（肖莞生和陈子燊，2010）。在本章内容，通过收集当地长期的降水及主要气象数据资料，利用多种分析方法和手段，以点带面揭示榆林沙区历史性降水变化规律和未来发生趋势，以期为当地人工防护林树种的林分结构与降水分配功能耦合研究提供相应的背景支持。

4.1 各月降水量变化特征

榆林市珍稀沙生植物保护基地内1961—2015年的年平均降水量最大值为689.4mm（1967年），最小值为159.6mm（1965年），最大降水量与最小降水量差值达529.8mm。多年平均降水量为402.4mm。从降水的表象变化来看，以20世纪60年代降水量为节点，60年代以前，年际降水量较平均值波动剧烈，60年代以后降水量多在平均值上下浮动。需要注意的是，1965年、1974年、1980年、1983年、1989年、1999年、2000年和2005年的降水量均低于300mm，为特别干旱年。

根据近50年的降水资料分析，榆林沙区四季降水分布极不均匀，降水量主要集中在7—9月，占到全年降水量的60%以上（表4-1），季节性降水效应较强，而春季和冬季降水（降雪）较少，但是数据离散程度较高，变异性较大（图4-1），而其余各月变化趋势较为平缓和一致。

表4-1 各月平均降水量（1961—2015年）
Tab. 4-1 The monthly precipitation distribution（1961—2015）

月份	1	2	3	4	5	6	7	8	9	10	11	12	合计
降水量（mm）	2.6	4.0	11.2	22.4	31.6	42.7	86.4	109.8	55.5	24.8	9.3	2.1	402.4

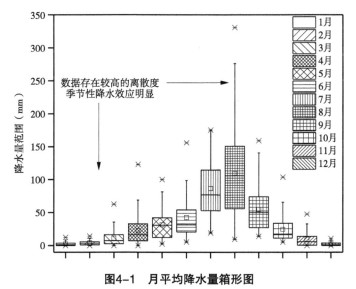

图4-1 月平均降水量箱形图
Fig.4-1 Box chart of monthly precipitation

4.2 年际降水量的趋势变化及独立性分析

随着时间序列的增长，对要素序列的各值平均而言，或增加或减少，形成序列在长时期里向上或向下的缓慢移动，这种有一定规则的变化成为序列的趋势变化，可以用一次线性回归方程表示，见式（4-1）：

$$y = at + b \qquad\qquad (4-1)$$

式中：y为年气候特征值的10倍；t为年；a为气候倾向率，用于定量描述序列的趋势变化特征。通过分析可得方程为：$y=-3.554x+1\,545.532$，-3.554为气候倾向率，榆林市沙生珍稀植物保护基地降水的气候倾向率为负值且数值较小，说明年际降水量变化趋势是逐年下降的，但是下降趋势不明显，说明随机性成分存在性较高，需要进一步分析。

水文序列中包含周期、非周期和随机成分，后者是由不规则的震荡和随机影响造成的，包括相依和独立两部分。若要素序列内存在较强的相依性，则很难对确定性成分（周期性）加以区别。通常的计算方法为采用自相关分析的方法，研究序列自身的线性相依性及其随时滞增长而变化的属性，其数学表达式见式（4-2）：

$$r_k = \frac{\sum\limits_{t=1}^{n-k}(X_t - X_j)(X_{t+k} - X_j)}{\sum\limits_{t=1}^{n}(X_t - X_j)^2} \qquad (4\text{-}2)$$

式中：X为序列值；X_j为序列均值；k为时滞$[m，n]$。离散型函数r_k随k而变化的图形即为样本自相关图。r_k的容许限度，则选显著性水平为5%（容许限水平为95%），见式（4-3）：

$$r_{5\%} = \frac{-1 \pm 1.96\sqrt{n-k-1}}{n-k} \qquad (4\text{-}3)$$

根据上式计算，若要素序列的r_k均在容许限内（95%），根据假设检验原理可接受该序列为独立这一假设，即不存在相依性，反之存在相依性。

由图4-2可看出，除1967年之前（完全相依性）外，榆林沙区年际降水量都在置信区间内，各年降水量独立性较强，可进行周期性变化分析。

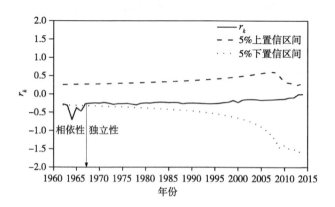

图4-2　年际降水量变化的独立性分析

Fig.4-2　Independent analysis of interannual precipitation change

4.3 年际降水量的周期性变化

时间序列（Time series）是地学研究中经常遇到的问题。在时间序列研究中，时域和频域是常用的两种基本形式。其中，时域分析具有时间定位能力，但无法得到关于时间序列变化的更多信息；频域分析虽具有准确的频率定位功能，但仅适合平稳时间序列分析。然而，地学中许多现象（如河川径流、地震波、暴雨、洪水等）随时间的变化往往受到多种因素的综合影响，大都属于非平稳序列，它们不但具有趋势性、周期性等特征，还存在随机性、突变性以及"多时间尺度"结构，具有多层次演变规律。对于这类非平稳时间序列的研究，通常需要某一频段对应的时间信息，或某一时段的频域信息。显然，时域分析和频域分析对此均无能为力（Nakken，1999）。

20世纪80年代初，由Morlet提出的一种具有时—频多分辨功能的小波分析（Wavelet analysis）为更好地研究时间序列问题提供了可能，它能清晰的揭示出隐藏在时间序列中的多种变化周期，充分反映系统在不同时间尺度中的变化趋势，并能对系统未来发展趋势进行定性估计。目前，小波分析理论已在信号处理、图像压缩、模式识别、数值分析和大气科学等众多的非线性科学领域内得到了广泛的应用。在时间序列研究中，小波分析主要用于时间序列的消噪和滤波，信息量系数和分形维数的计算，突变点的监测和周期成分的识别以及多时间尺度分析等。其中小波方差随尺度年的变化过程，称为小波方差图。它能反映信号波动能量随尺度年的分布，可确定主要时间尺度和尺度周期变化（Hoerl等，1975）。

本研究采用复小波Morlet wavelet小波作为基函数进行小波变换方差分析，优点在于：降水过程中包含多时间尺度变化特征且这种变化是连续的；实小波变换只能给出时间序列变化的振幅和正负，而复小波变换可同时给出时间序列变化的位相和振幅两方面的信息；复小波函数的实部和虚部位相差为π/2，能够消除用实小波变换系数作为判据而产生的虚假震荡，使分析结果更为准确。

结果分析由图4-3看出，榆林沙区存在多个明显的主峰值，对应着7年、9年、15年、25年和45年的时间尺度。说明水文变化序列前期变化规律性较强，后期规律性不明显。且振幅在前期摆动较为规则，中期趋于平缓，后期呈现增大趋势，与图4-2结果相一致，即各年降水量独立性增强，也伴随着气候突变现象的产生影响。

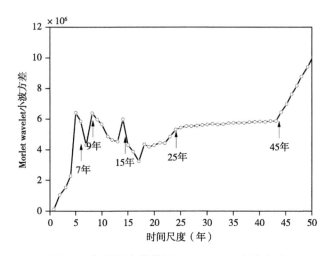

图4-3 年际降水量的Morlet wavelet小波方差

Fig.4-3 Morlet wavelet variances of interannual precipitation

4.4 年际降水量的突变检验

降水周期性的变化通常伴随着气候突变现象产生，表现为相邻气候平均值之间显著的差异，反映了气候的趋势性变化特征。本研究采用Mann-Kendall趋势分析和突变检验来研究榆林市沙生珍稀植物保护基地内降水的长期变化。基于秩的Mann-Kendall检验是一种非参数统计检验方法，优点是不需要样本遵从一定的分布（非正态分布的数据），也不受随机性成分干扰，能清晰的明确降水的演变趋势及是否存在突变现象以及突变开始的时间（肖莞生和陈子桑，2010）。

图4-4为年降水量的Mann-Kendall检验曲线，通过分析原序列和反向序列可以分析序列的趋势变化，并且明确突变的时间。如果原序列和反向序列两条曲线出现交点，且交点处于临界直线之间，那么交点所对应的时刻就是突变开始的时刻。时间序列在7～15年、30年、40年前后发生突变，且45年后突变趋势变得明显。总体上，年降水量变化趋势波动较大，1988年和1994年增长趋势显著。大约从20世纪90年代开始，降水量下降趋势明显（见图4-4中箭头方向），但从总趋势来看，前期变化浮动较大，后期波动幅度较小，具有一定的浮动规律。

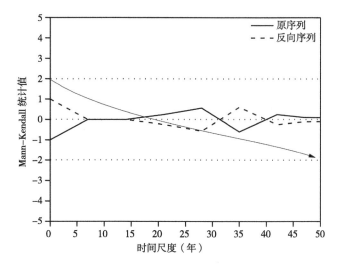

图4-4　Mann-Kendall趋势分析和突变检验

Fig.4-4　Mann-Kendall trend analysis and mutation test

4.5　年际降水量未来发生趋势

本研究采用Rescaled range analysis（简称R/S分析方法），R/S分析法能对未来气候变化的总体趋势作出预测和推断。这种未来总体变化趋势一般表现为两种形态：一是持续性，即未来变化与过去相似，是正趋势；二是反持续性，即未来变化与过去变化相反，是反趋势。R/S分析法最早由英国科学家赫斯特提出，后来经Mandelbrot和Wallis在理论上补充完善，发展成为研究时间序列的分形理论。

R/S分析法的主要原理为：考虑一个时间序列$\{\xi(t)\}, t=1,2\cdots$，对于任意正整数$\tau \geqslant 1$，定义均值系列，见式（4-4）：

$$<\xi>_\tau = \frac{1}{\tau}\sum_{t=1}^{\tau}\xi(t), \ \tau=1, \ 2\cdots, \tag{4-4}$$

累积离差，见式（4-5）：

$$X(t,\tau) = \sum_{t=1}^{\tau}\left[\xi(t) - <\xi>_\tau\right], \ 1 \leqslant t \leqslant \tau \tag{4-5}$$

极差，见式（4-6）：

$$R(\tau) = \max_{1 \leqslant t \leqslant \tau} X(t,\tau) - \min_{1 \leqslant t \leqslant \tau} X(t,\tau), \ \tau=1, \ 2\cdots, \tag{4-6}$$

标准差，见式（4-7）：

$$S(\tau)=\sqrt{\left\{\frac{1}{\tau}\sum_{t=1}^{\tau}\left[\xi(t)-<\xi>_{\tau}\right]^2\right\}}, \ \tau=1, \ 2\cdots, \qquad (4-7)$$

现考虑比值$R(\tau)/S(\tau)=R/S$，若存在如下关系$R/S\propto\tau^H$。则说明所分析的时间序列存在Hurst现象，H称为Hurst指数。H值可根据计算出的τ值和R/S值，在双对数坐标系（$\ln\tau$，$\ln R/S$）中用最小二乘法拟合式得到。根据H值的大小，可以判断该时间序列是完全随机的抑或是存在趋势性成分。趋势性成分是表现为持续性（Persistence），还是反持续性（Antipersistence）。

Hurst等人证明，如果是相互独立、方差有限的随机序列，则有H=0.5。对应于不同的Hurst指数H（$0<H<1$），存在以下几种情况。

（1）H=0.5，如上所述，即各项气候要素完全独立，相互没有依赖，气候变化是随机的。

（2）$0.5<H<1$，表明时间序列具有长期相关的特征（Long range correlation），过程具有持续性。反映在气候要素上，则表明未来的气候总体变化将与过去的变化趋势一致。如过去整体增加的趋势预示将来的整体趋势还是增加，反之亦然。且H值越接近1，持续性就越强。

（3）$0<H<0.5$，表明将来的总体趋势与过去相反，即过去整体增加的趋势预示将来的整体上减少，反之亦然，这种现象就是反持续性。H值越接近0，反持续性越强。

Hurst指数能很好地揭示时间序列中的趋势性成分，并且能由Hurst指数值的大小来判断趋势性成分的持续性或者反持续性强度的大小，由此总结出了Hurst指数的分级表（表4-2）。持续性（反持续性）强度由弱到强都分为5级，其中持续性强度用1～5级表示，反持续性强度则用-5～-1级表示。

表4-2　Hurst指数分级

Tab. 4-2　The classification of Hurst index

等级	Hurst指数值域	持续性强度	等级	Hurst指数值域	反持续性强度
1	$0.50<H\leq0.55$	很弱	-1	$0.45\leq H<0.50$	很弱
2	$0.55<H\leq0.65$	较弱	-2	$0.35\leq H<0.45$	较弱
3	$0.65<H\leq0.75$	较强	-3	$0.25\leq H<0.35$	较强
4	$0.75<H\leq0.80$	强	-4	$0.20\leq H<0.25$	强
5	$0.80<H<1.00$	很强	-5	$0.00<H<0.20$	很强

图4-5看出，该地区未来降水变化属于平稳下降型。榆林市珍稀沙生植物保护基地的Hurst指数从长期上看处于下降趋势（正相关性不断地减弱），与Mann-Kendall趋势分析检验结果相同。

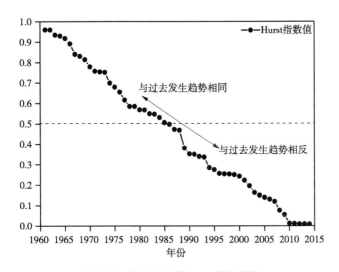

图4-5　年际降水量Hurst指数变化
Fig.4-5　Hurst index change of interannual precipitation

结合之前研究结果，可以看出，尽管在水文变化序列中，前期经历了多次有规律的周期性变化，但是各要素间的独立性较强，且突变程度和频度增加，导致周期性变化幅度也随之增加，加之榆林沙区降水趋势变化属于下降型，并且未来发生趋势也加剧了这一趋势，这意味着降水量将在一个较大周期性下降（枯水期）之后，很难再回升至丰水期，这与全球和区域性的环境变化是密不可分的，人类活动是造成这一现象的主要原因，人类在这一地区的活动加强直接影响到了环境气象变化。

4.6　影响降水量变化的主要气象因子

通过历史数据，筛选了大气温度、相对湿度、风速和自由水面蒸发量这4个指标（均为年平均值）。如图4-6所示，榆林沙区年平均最高大气温度为10.04℃（1998年），年平均最低大气温度为7.14℃（1984年）。年平均大气温度变化特征呈整体上升趋势，气候倾向率较小（0.056 2）。2000—2015年平均大气温度相对较高，为相对温暖阶段，1970—1975年平均气温相对较低，为相对冷期，20世纪80年代后期平均大气温度开始缓慢回升，90年代后期开始回升明显，10年平均大气温度也显示较为明显的升高趋势（图4-6a）。

榆林沙区平均相对湿度为55.9%，年平均最高相对湿度为68.5%（1964年），年平均最低相对湿度为49.5%（1999年）。年平均相对湿度变化具有一定的波动性，整体呈下降趋势，气候倾向率较小（-0.085）。1960—1965年平均相对湿度相对较高，2000—2015年平均相对湿度相对较低，10年平均相对湿度相差不大（图4-6b）。

榆林沙区年平均风速为2.18m·s⁻¹，年平均最高风速为2.72m·s⁻¹（2006年），年平均最低风速为1.58m·s⁻¹（2003年）。年平均风速变化特征有一定的波动性，气候倾向率较小（-0.006）。1985—2000年平均风速较小，为相对微风阶段。2004—2015年平均风速相对较高，为相对大风阶段，80年代后期平均风速开始减小，2005年后缓慢回升，10年平均风速相差较大（图4-6c）。

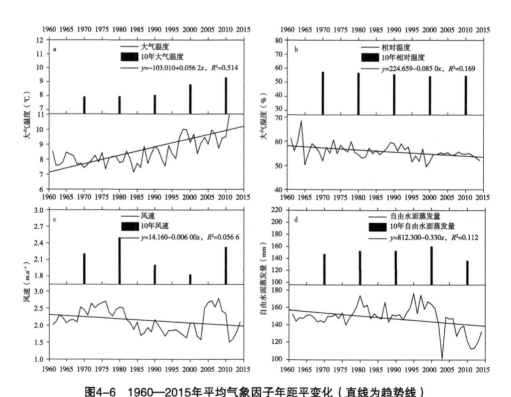

图4-6　1960—2015年平均气象因子年距平变化（直线为趋势线）

Fig.4-6　**The changes of average yearly meteorological factors in 1960—2015**
（the line below is the linear trend line）

　　榆林沙区年平均自由水面蒸发量为150mm，年平均最高自由水面蒸发量为176mm（1995年），年平均最低自由水面蒸发量为101mm（2003年）。年平均自由水面蒸发量变化特征具有波动性，整体周期性规律不明显，气候倾向率较小（-0.330）。80年代和90年代中后期年平均自由水面蒸发量相对较高，2000年后年平均自由水面蒸发量相对较低，10年平均自由水面蒸发量分化不明显（图4-6d）。

　　将历年降水量与大气温度、相对湿度、风速和自由水面蒸发量进行Pearson相关分析，如表4-3可知，降水量与各因子的相关系数在0.216～0.851，降水量与相对湿度和自由水面蒸发量相关性较强，而与大气温度和风速相关性较弱。大气温度与相对湿度和自由水面蒸发量相关性较强，而与风速和降水量相关性较弱。风速在榆林沙区与各主要气象因子的相关性均较弱。

表4-3　年降水量与主要气象因子相关性分析

Tab. 4-3　**The Pearson analyzing of monthly precipitation and main meteorological factors**

气象因素	降水	大气温度	相对湿度	风速	自由水面蒸发量
降水	1	-0.369	0.542**	0.238	0.792**
大气温度	-0.369	1	-0.588*	-0.216	0.851**
相对湿度	0.542**	-0.588*	1	-0.268	-0.375
风速	0.238	-0.216	-0.268	1	-0.341
自由水面蒸发量	0.792**	0.851**	-0.375	-0.341	1

　　注：**为双尾检验1%显著，*为双尾检验5%，下同

5　樟子松树干液流变化规律

5.1　南北方位树干液流速率的比较

国内众多学者对苹果（*Malus pumila*）（孟秦倩等，2013）、三倍体毛白杨（*Populus tomentosa*）（李广德等，2010）、胡杨（*Populus euphratica*）（张小由等，2004）等树种不同方位的液流速率进行了研究，认为不同方位间液流速率存在显著差异，但对于樟子松不同方位液流速率的研究较少，为了研究樟子松南北方位树干液流的差异性及其相关性，本研究对2014年5月23—27日连续5d的液流数据进行了分析，其中5月23日为雨天，降水量13.9mm，剩余4d为晴天。

由图5-1a可以看出，最大木南北两侧液流速率变化趋势非常接近。23日为雨天，液流速率很小，变化规律不明显；24—26日南侧与26日北侧液流速率日变化动态为双峰型，其余为单峰型；中午液流速率减小，出现午休现象，可能是因为中午太阳辐射较强，温度较高，导致气孔暂时关闭。南侧液流启动时间在7：30，北侧启动时间延迟0.5h；南侧液流停止时间在21：30—22：30，这里所说的停止并不是说液流速率为零，而是液流速率下降到极低的水平。北侧液流停止时间比南侧早约1h。两者峰值出现的时间非常接近，在13：00—14：30，南侧液流峰值为北侧液流峰值的2～3倍，南侧液流速率最大值为10.50cm·h^{-1}，北侧液流速率最大值为5.70cm·h^{-1}。南侧平均液流速率为3.09cm·h^{-1}，北侧平均液流速率为1.44cm·h^{-1}，南侧比北侧高1.14倍。由图5-2a可以看出，两者呈线性相关关系，$y=0.312x+1.922$，相关性系数为$R^2=0.913$，相关性显著。采用最小显著性差异法（LSD）对两者之间的差异性进行分析，最小显著性差异法用T检验实现各组件的配对比较，检验的灵敏度高，能够检验出各个水平间的均值之间较小的差异。结果如表5-1所示，在0.01的水平上差异极显著。

由图5-1b可以看出，平均木南北两侧液流速率变化趋势相似。23日为雨天，液流速率较小，呈多峰型变化动态；24日和26日南北两侧液流速率日变化动态均为双峰型，其余为单峰型。南北两侧液流启动时间比较接近，南侧液流启动时间在7：30，北侧启动时间延迟0.5h；南北两侧液流停止时间差异较大，南侧液流停止时间在21：30—22：30，北侧液流停止时间比南侧早约1h。两者峰值出现的时间非常接近，双峰型峰值出现在10：30—14：30，单峰型峰值出现在10：30—12：00。南侧液流峰值为北侧液流峰值的1.5～2倍，南侧液流速率最大值为9.97cm·h^{-1}，北侧液流速率最大值为6.60cm·h^{-1}。南侧平均液流速率为3.06cm·h^{-1}，北侧平均液流速率为1.55cm·h^{-1}，南侧比北侧高0.96倍。由图5-2b可以看出，两者呈线性相关关系，$y=0.355x+1.746$，相关性系数为$R^2=0.935$，相关性显著。采用最小显著性差异法（LSD）对两者之间的差异性进行分析，结果如表5-1所示，在0.01的水平上差异极显著。

由图5-1c可以看出，最小木南北两侧液流速率变化动态非常接近，只在白天液流峰值较大时才能看出明显差异。23日液流速率较小，呈多峰型变化动态；启动时间和停止时间相同，分别在7：00—8：00和21：30—22：30。24日北侧液流速率日变化动态均为双峰型，峰值出现在14：30；25日和27日均为单峰型，峰值分别出现在11：30和11：00；26日为多峰型，峰值出现在9：30—14：00。南侧液流速率最大值为7.84cm·h^{-1}，北侧液流速率最大值为7.50cm·h^{-1}。南侧平均液流速率为2.03cm·h^{-1}，北侧平均液流速率为1.87cm·h^{-1}，南侧比北侧略高。由图5-2c可以看出，两者呈线性相关关系，$y=0.048\ 2x+0.899$，相关性系数为$R^2=0.976$，相关性显著。采用最小显著性差异法（LSD）对两者之间的差异性进行分析，结果如表5-1所示，在0.05的水平上差异不显著，是因为夜晚液流值较小，南北两侧液流速率差值较小，其中南侧23：00到次日凌晨6：00平均液流速率为0.19cm·h^{-1}，北侧平均液流速率为0.13cm·h^{-1}，两者差值为0.060cm·h^{-1}，这在图中几乎看不出来，但两者之比却达到1.46：1。综上，树干液流通常发生在白天，白天的液流速率相差很小，平均值也很接近，因此，可以认为最小木南北方位液流速率差异极小或者没有差异。

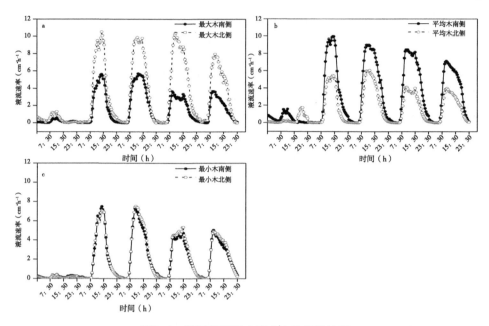

图5-1 樟子松标准木南北方位液流速率

Fig.5-1 Sap flow velocity at different directions of *Pinus sylvestris* var.*mongolica* sample trees

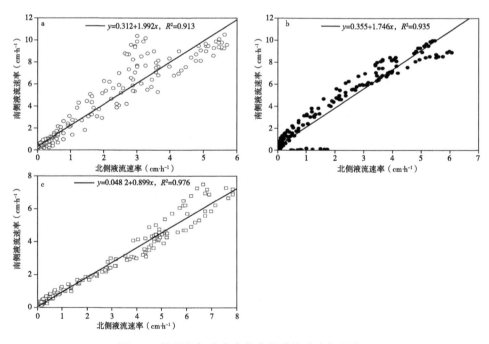

图5-2 樟子松标准木南北方位液流速率相关关系

Fig.5-2 Correlation between sap flow velocity at different directions of *Pinus sylvestris* var.

mongolica* sample trees

表5-1　樟子松标准木南北方位液流速率差异分析

Tab. 5-1　Difference analysis of sap flow velocity at different directions of
Pinus sylvestris var.*mongolica* sample trees

探针方位	n	均值（cm·h^{-1}）	标准差	均值的95%置信区间		最小值	最大值	显著性水平
				下限	上限			
最大木北	240	1.44	0.11	1.22	1.67	0.00	5.70	
最大木南	240	3.09	0.23	2.64	3.54	0.00	10.50	<0.01
平均木北	240	1.55	0.12	1.31	1.78	0.00	6.06	
平均木南	240	3.06	0.22	2.63	3.48	0.00	9.97	<0.01
最小木北	240	1.87	0.14	1.60	2.150	0.00	7.50	
最小木南	240	2.03	0.15	1.72	2.34	0.00	7.84	>0.05

5.2　树干液流速率日变化规律

在不同的生长时期，液流速率的日变化动态也不同，为了较全面地了解液流速率的日变化规律，研究了5月、7月和9月3个月在不同的天气条件下的液流速率日变化，每个月选择雨天、晴天和阴天各2d，对其平均液流速率的日变化进行研究。

图5-3a为最大木在5月的液流速率日变化曲线，其中晴天为单峰型，平均液流速率为3.99cm·h^{-1}，启动时间在7：00左右，通常认为液流速率与太阳总辐射、大气温度呈正相关，与相对湿度呈负相关，早上天亮以后，太阳总辐射逐渐升高，大气温度也随之升高，相对湿度也随着大气温度的升高而下降，所以液流速率也迅速增加，液流速率在12：00达到峰值，峰值为11.7cm·h^{-1}，16：00以后太阳辐射与气温都在下降，液流速率也进入了快速下降的时期，在19：00之后，仍有相对微弱的液流，这是因为白天的蒸腾除了消耗了根系吸收的水分，还造成了树体内储水量的减少，夜间液流是为了补偿树体水分的亏缺。阴天的液流速率日变化曲线为单峰型，平均值为1.77cm·h^{-1}，约为晴天平均液流速率的44.4%，通常阴天相对湿度较大，气温较低，太阳总辐射随着云层的变化而改变，所以阴天的液流速率较晴天低，变化规律受云层变化影响较大；启动时间与晴天接近，在7：00左右，

其峰值为5.8cm·h⁻¹，约为晴天的50%，出现在11：00，液流速率的变化较平缓，液流停止时间约在20：00，阴天夜晚的液流速率明显比白天小，这是因为阴天白天蒸腾耗水量小，树体的水分亏缺也较少，所以不需要夜晚大量液流的补充。雨天的液流速率最小，日变化曲线为单峰型，在10：00时有明显的下降，是因为当时有短时阵雨或云层经过。雨天平均液流速率为0.92cm·h⁻¹，约为晴天平均液流速率的23.1%，雨天相对湿度接近饱和，气温较低，太阳总辐射受降水时间和云层变化的影响，太阳辐射日通量也小于晴天，所以液流速率也远小于晴天；启动时间为7：00，峰值为4.8cm·h⁻¹，出现在11：00，液流速率在14：00就下降到了很低的水平，是因为14：00之后有降水，雨天夜晚几乎没有液流，这也从侧面反映了夜晚液流是为了补充白天蒸腾耗水导致的树体水分亏缺。

图5-3b和图5-3c分别为平均木、最小木在5月的液流速率日变化动态，总体上看，3棵樟子松液流速率的日变化动态相似，液流启动时间、停止时间以及达到峰值的时间都相同，只是峰值的大小以及晴天12：00—16：00液流速率较高时有所差别。

图5-3d为最大木在7月液流速率日变化曲线，其中晴天为双峰型，在峰值附近液流速率变化较平缓，平均液流速率为4.57cm·h⁻¹，液流启动时间在7：00左右，7：30之后，液流速率迅速升高，在11：00时达到峰值，液流速率峰值为11.7cm·h⁻¹，之后液流速率缓慢下降，在13：30时到达低谷，低谷液流速率为10.4cm·h⁻¹，然后液流速率又有短暂的回升，在14：00和14：30达到另一个较低的峰值，峰值为10.7cm·h⁻¹。液流速率在这段时间内的下降通常认为是因为中午太阳总辐射过强、温度过高，蒸腾耗水速率超过了根系吸水的速度，引起树体暂时缺水，进而导致气孔关闭，叶片进入了午休。15：00以后太阳总辐射与大气温度都在下降，液流速率也进入了快速下降的时期，在19：00之后，仍有相对微弱的液流，这是因为白天的蒸腾除了消耗了根系吸收的水分，造成了树体内储水量的减少，夜间液流是为了补偿树体水分的亏缺。阴天的液流速率日变化曲线为多峰型，平均值为2.54cm.h⁻¹，为晴天平均液流速率的55.6%，7月为夏季，空气对流强烈，天气变化迅速，云量短时间内可以产生较大变化，影响液流速率的气象因子特别是太阳总辐射和风速变化剧烈且没有规律，导致液流速率产生了不断的波动，形成了多峰型的变化动态；通常阴天相对湿度较大，太阳辐射和气温较低，所以阴天的液流速率较晴天低。液流启动时间比晴天晚约1h，在8：00左右，随后液

流速率进入快速上升期，11：00之后液流速率上升速率减缓，13：30达到一天中的最大值，为9.17cm·h^{-1}，为晴天液流峰值的78.4%，14：00以后液流速率大幅下降，直到16：30出现暂时的升高，17：00之后液流速率又逐渐上升，在19：00到达最后一个小高峰，高峰过后液流速率缓慢下降，直到停止，液流的停止时间在21：30左右。雨天的液流速率日变化曲线为单峰型，启动时间与阴天相同，但初期液流速率上升较慢，10：00以后才进入快速上升期，12：00液流速率达到高峰，峰值为6.63cm·h^{-1}，12：00—15：00为快速下降期，15：00之后下降缓慢直到停止，液流停止时间在18：30左右，比晴天晚3h。雨天平均液流速率为1.37cm·h^{-1}，为晴天平均液流速率的30.0%，雨天相对湿度接近饱和，大气温度较低，太阳总辐射受降水时间和云层变化的影响，太阳总辐射日通量也小于晴天，所以液流速率也远小于晴天。雨天夜晚几乎没有液流。

图5-3e和图5-3f分别为平均木和最小木在7月的液流速率日变化动态，总体上看，3棵樟子松液流速率的日变化动态相似，液流启动时间、停止时间以及达到峰值的时间都相同，只是峰值的大小以及晴天10：00—16：00液流速率较高时有所差别。

图5-3g为9月最大木液流速率日变化曲线，其中晴天为单峰型，平均液流速率为2.90cm·h^{-1}，液流启动时间在8：00以后，8：30之后，液流速率迅速升高，在11：00时达到较高水平，11：00—15：00液流速率处于变化较平缓的高峰期，液流速率在13：30达到最大，峰值为9.86cm·h^{-1}，9月中午时没有像7月出现液流下降的现象，是因为9月太阳总辐射、大气温度都比7月低，液流速率也较小，没有因树体水分亏缺而导致气孔关闭；15：00之后液流速率快速下降，18：00液流下降到较低水平，之后缓慢降低到液流停止。阴天的液流速率日变化曲线为单峰型，平均值为2.19cm·h^{-1}，为晴天平均液流速率的75.5%，9月为已进入秋季，天气变化没有夏天那么剧烈，影响液流速率的气象因子特别是太阳总辐射和风速变化较平缓，液流速率没有产生较大的波动，形成了单峰型的变化动态；液流启动时间比晴天略晚，在8：00左右，液流速率进入快速上升期，11：00之后液流速率上升速率减缓，13：30达到一天中的最大值，为7.49cm·h^{-1}，为晴天液流峰值的76.0%，15：30以后液流速率大幅下降，直到晚上20：00液流停止。雨天的液流速率较小，日变化曲线为无峰型，启动时间比晴天晚1h，液流速率上升较慢，11：30达到一天中液流速率的峰值，为3.65cm·h^{-1}，液流速率在

11：30—17：00缓慢下降，变化很小，直到17：00以后才有明显的下降，液流速率在19：30停止，比晴天早约1h。图5-3h和图5-3i分别为平均木、最小木液流速率日变化曲线，与最大木液流速率日变化曲线没有明显区别。

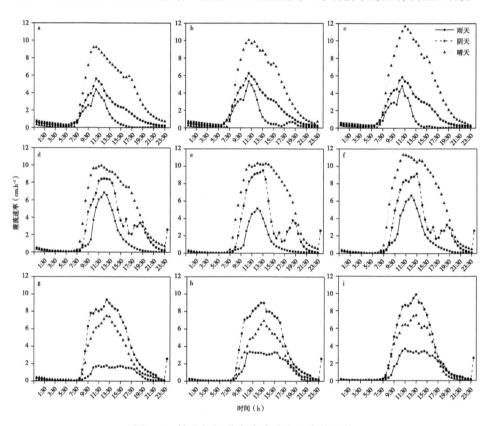

图5-3　樟子松标准木液流速率日变化规律

Fig.5-3　Diurnal variation of sap flow velocity of *Pinus sylvestris* var.*mongolica* sample trees

由于雨天和阴天气象因子变化的不确定性，晴天更能够体现各个月的液流速率变化规律。5月晴天平均液流速率为3.99cm·h⁻¹，7月、9月分别为4.57cm·h⁻¹、2.90cm·h⁻¹，7月液流速率最大，因为相对于5月和9月，7月大气温度最高、太阳总辐射最强，降水较多，土壤水分充足。9月进入了秋季，气温和太阳总辐射下降明显，所以液流速率最低。液流启动时间5月和7月均在7：00，9月在8：00，液流启动时间通常比太阳辐射滞后约0.5h，9月太阳升起最晚，所以液流启动最晚。夜晚液流停止的时间与白天液流密切相关，夜晚液流是为了补偿白天蒸腾耗水导致的树体水分亏缺，所以白天液流量越大，夜晚液流量也越大，液流停止的时间也越晚，由图5-3可以看出，7月晴天的23：30仍有微弱的液流，5月22：00以后液流基本停止，9月21：00就已经停止。液流速率日变化曲线分单峰型、双峰型和多峰型，双峰型出现在太阳总辐射强烈、大气温度较高时期，多峰型出现在气象因子变化较大的多云和阴天。

5.3 树干液流季节变化规律

为了研究樟子松树干液流季节变化规律，以10d为一个单位，在整个生长季内计算每10d的日液流量的平均值，研究平均日液流量的季节变化。结果如图5-4与表5-2所示。最大木在5月上旬至10月上旬日平均液流量为22.2L·d^{-1}，总液流量为3 781.1L，平均木日均液流量为11.8L·d^{-1}，总液流量为2 004.8L，最小木日均液流量为5.4L·d^{-1}，总液流量为914.5L。由图5-4可以看出3棵樟子松日均液流量变化动态相似，从5月上旬到6月下旬逐渐减小，最小值出现在6月下旬，分别为8.9L·d^{-1}、5.3L·d^{-1}、1.7L·d^{-1}，7月上旬日均液流量迅速上升，7月上旬以后日均液流量变化趋势较平缓，在7月上旬至8月下旬日均液流量维持在较高的水平，峰值出现在8月上旬，这时气温较高、太阳总辐射强烈、雨水充足，蒸腾强烈，峰值分别为29.9L·d^{-1}、15.7L·d^{-1}、7.6L·d^{-1}，8月下旬之后日均液流量逐渐下降，到10月上旬日均液流量略低于平均值，说明在本研究期过后，液流仍未停止。樟子松日均液流量在5—6月逐渐下降并在6月中下旬到达低谷，这与一些研究结果不一致（Deng等，2015），通常认为从5—6月大气温度升高、太阳总辐射增强、日照时间增加，每日樟子松液流产生的时间加长，液流速率会增大，日均液流量也会增加，而且从表5-2可以看出6月降水量为86.5mm，降水充足，整个6月外界环境因子变化平稳且驱动力不强，所以，这段时间导致液流量下降的原因是林木内部原因。部分研究结果与本研究相似，如樊文慧认为6月日液流量下降是因为樟子松在6月处于新梢生长迅速阶段，日液流量受自身生长期和外界环境因子影响（樊文慧，2012）。樟子松高生长旺盛期在5月下旬至6月下旬，胸径生长旺盛期在6月上旬至7月上旬，受粉期在6月中旬至下旬，因此，可以推断6月樟子松处于生长的特殊时期，日液流量下降是高生长、胸径生长和授粉共同作用的结果。

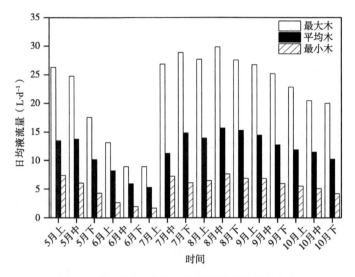

图5-4　樟子松标准木日均液流量季节变化规律

Fig.5-4　Seasonal variation of daily sap flow of *Pinus sylvestris* var.*mongolica* sample trees

表5-2　樟子松标准木日均液流量季节变化汇总

Tab. 5-2　Seasonal variation of daily sap flow of *Pinus sylvestris* var.*mongolica*

时间	最大木		平均木		最小木		同期降水量（mm）
	日均液流量（L·d⁻¹）	所占比例（%）	日均液流量（L·d⁻¹）	所占比例（%）	日均液流量（L·d⁻¹）	所占比例（%）	
5月上旬	26.3	6.96	13.5	6.71	7.4	8.07	36.8
5月中旬	24.8	6.55	13.8	6.87	6.1	6.63	0
5月下旬	17.5	4.64	10.1	5.06	4.3	4.69	13.9
6月上旬	13.2	3.48	8.2	4.09	2.7	2.92	30
6月中旬	8.9	2.36	5.9	2.95	2.0	2.17	19
6月下旬	8.9	2.36	5.3	2.64	1.7	1.85	37.6
7月上旬	26.9	7.11	11.3	5.61	7.2	7.91	39.2
7月中旬	28.9	7.64	14.9	7.41	6.1	6.66	11.7
7月下旬	27.7	7.33	14.0	6.96	6.5	7.07	17.2
8月上旬	29.9	7.89	15.7	7.83	7.6	8.36	39.8
8月中旬	27.6	7.30	15.3	7.64	6.9	7.51	0
8月下旬	26.8	7.08	14.5	7.21	6.9	7.51	20
9月上旬	25.2	6.67	12.8	6.37	6.0	6.55	18.5

（续表）

时间	最大木		平均木		最小木		同期降水量（mm）
	日均液流量（L·d⁻¹）	所占比例（%）	日均液流量（L·d⁻¹）	所占比例（%）	日均液流量（L·d⁻¹）	所占比例（%）	
9月中旬	22.8	6.04	11.9	5.94	5.5	6.06	40.3
9月下旬	20.5	5.42	11.5	5.73	5.1	5.58	36.2
10月上旬	20.0	5.29	10.2	5.09	4.2	4.61	26.5
平均值	22.2		11.8		5.4		

5.4　树干液流与环境因子的关系

樟子松在其生长季内影响树干液流速率的环境因子包括自身的遗传特性、个体的生长状况和外界环境因子，通常认为影响液流速率的环境因子主要有大气温度、相对湿度、土壤温度、土壤体积含水率、大气风速和太阳总辐射。本研究中对液流速率与各环境因子进行了同步测定，并做相关分析，研究两者之间的关系。

为了直观地观察与分析液流速率与外界因子的关系，本研究选择5月23—27日连续5d的液流数据与环境因子数据进行作图与分析，其中5月23日有13.9mm的降水，24—27日为晴天，23日的降水为林木的蒸腾提供了较充足的水分，能够防止干旱对树干液流的抑制作用，24—27日连续4d的晴好天气，保证了液流速率、太阳总辐射强度、大气、温度、相对湿度等具有明显的昼夜节律性，可清晰地观察出液流速率与环境因子的关系。

图5-5b显示，大气温度是影响液流速率的重要环境因子，与太阳总辐射类似，能够影响植物的生理活性和气孔的开闭，同时气温还会影响水汽扩散的速率，进而影响液流的速率。如图5-5b所示液流速率与大气温度的变化趋势有一定程度的相似，5月23日冷锋过境导致大气温度不断下降，液流速率也很小，25日以后液流速率随着大气温度的升高而加大，但当大气温度升高到一定程度后，液流速率不再增加，大气温度的峰值比液流峰值出现的时间滞后2~3h。大气温度对液流速率的影响是多方面的，首先大气温度升高能够提高叶片的生理活性，调节气孔的开闭，提高水的自由能，提高水分在林木体内运输的速率；其次，大气温度升高能够增强空气湍流，加快叶片

表面水分的扩散；最后，大气温度升高能够加大叶片内外的水汽压差，叶片内部相对湿度大于空气的相对湿度，在相对湿度一定的条件下，大气温度越高，水汽压越大，所以升高大气温度能够增大叶片内外的水汽压差，进而增加叶片蒸腾耗水的速率，引起液流速率的增大。

如图5-5c所示，液流速率与相对湿度变化趋势相反，5月23日有降水，相对湿度接近饱和，液流速率很低，24日后液流速率随着相对湿度的减小而增大，相对湿度呈现白天小晚上大的波动规律，与液流速率的波动刚好相反。蒸腾耗水是叶片内水分向空气扩散的过程，其动力是叶片气孔内腔与大气的水汽压梯度，在大气温度一定的条件下，相对湿度越大，大气水汽压越大，与叶片气孔内腔的水汽压差越小，水分散失的速率也越小，所以液流速率也会越小。

如图5-5d所示，由于降水，土壤体积含水量在23日显著增加，之后逐渐减小，变化趋势缓慢，变化量较小。看不出与液流速率有什么关系。土壤水分与液流速率的关系比较复杂，土壤水分是林木蒸腾的水分来源，当土壤水分较低时，林木受到干旱胁迫，液流速率会减小，当土壤水分充足时，液流速率与土壤水分关系不大；同时，液流速率也影响着土壤含水量，林木蒸腾消耗土壤水分，导致土壤含水量下降，液流速率越大，土壤含水量下降越快，但这种影响在短期内较小，土壤含水量受降水条件的影响更大，而且没有昼夜变化的节律性。

如图5-5e所示，液流速率与风速变化趋势有一定程度的相似性，风速呈现白天大晚上小的规律，这是因为风的能量来源是太阳总辐射，白天太阳总辐射强，空气对流强烈。液流速率随着风速的增加而增大，但是在有一定风速的晚上，液流速率很小或者停止，而且液流速率并没有随着风速的增大一直增大，这说明风速对液流速率的影响有限。王华田等学者认为风打破了界面层阻力，加快了水分散失的速率，进而增大了液流速率（王华田等，2002）。

如图5-5f所示，液流速率与太阳总辐射强度变化趋势相近，两者之间具有明显的正相关关系，8：00—10：30液流速率随着太阳总辐射强度的增加而加大，15：30—18：00液流速率随着太阳总辐射强度的减少而减小，这是因为太阳总辐射影响着气孔的开闭，而且叶片的呼吸作用和光合作用也随着辐射的增强而更加旺盛，引起叶片进行更多的气体交换，散失掉更多的水分，进而导致液流速率的增加；但是在中午太阳总辐射强度达到$690 \sim 710 W \cdot m^{-2}$以后，液流速率不再随着太阳总辐射强度的变化而加大或者减小，而是在一定的范围内波动，其至在5月24日和26日在太阳总辐射强度最大时液流速率短暂地下降到一个小的波谷，通常认为太阳辐射强度达到一定的程度以后，叶片为了防止过度失水和叶片的灼伤，会产生一系列的生理活动减小气孔的开放程度，进而减小蒸腾失水的速率。在中午阶段，太阳总辐射偶尔会有剧烈的短期波动，这是小范围的云层过境引起的，但是同时液流速率没有明显变化，这说明太阳总辐射短期剧烈变化对液流速率影响不明显。

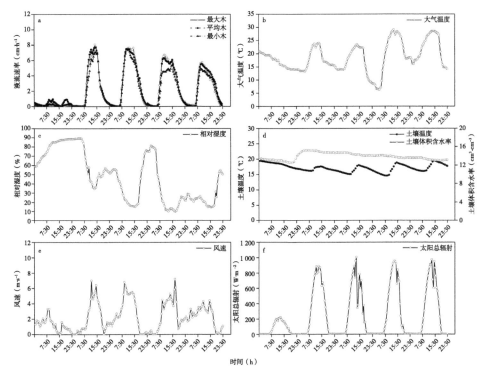

图5-5 樟子松标准木液流速率与环境因子之间的关系

Fig.5-5 The relationship between *Pinus sylvestris* var.*mongolica* sap flow velocity and meteorological factors

液流速率是各个气象因子与土壤水分条件共同作用的结果，为了了解各个环境因子对液流速率总体影响程度，本研究采用多元线性回归的方法，将以小时为步长单位的液流速率（J_s）与太阳总辐射强度（R_n）、大气温度（T_a）、相对湿度（RH）、风速（W_s）和土壤体积含水量（SWC）进行逐步回归分析，结果如表5-3所示，影响3棵樟子松液流速率的因子不完全一致，对于最大木来说影响液流速率的环境因子为太阳总辐射>相对湿度>土壤体积含水量>风速；对于平均木来说影响液流速率的环境因子为：太阳总辐射>相对湿度>风速>土壤体积含水量；对于最小木来说影响液流速率的环境因子为：太阳总辐射>相对湿度>土壤体积含水量>风速>大气温度。其中大气相对湿度与液流速率为负相关，其余环境因子为正相关。总的来看，太阳总辐射与相对湿度是影响液流速率的最主要因子，相对湿度对液流速率的影响如上文所述，通过影响叶片气孔内腔与大气的水汽压梯度来影响液流速率。太阳总辐射对液流速率的影响是多方面的，除了直接影响气孔的开闭和叶片生理活动以外，还对风速、大气温度等其他气象因子产生直接影响，进而间接影响液流速率。太阳总辐射主要以短波的形式到达地表，加热地面，地面又以长波辐射的形式加热近地面空气，因此太阳辐射越强，地表温度越高，液流速率越大。太阳辐射是风产生的能量来源，由于下垫面的空间差异性，太阳总辐射对地表的加热不均匀，进而在不同区域直接产生气压差，形成水平气压梯度力，导致空气的水平流动，形成了风，同时强烈的太阳总辐射会迅速地加热近地面空气，加大空气的垂直对流，进一步增大液流速率。

表5-3　多元线性回归的系数

Tab. 5-3　List of coefficients in multivariate linear regression

标准木	环境因子	偏回归系数	标准误	t值	显著性水平	偏相关系数	n
最大木	常量	-4.56	1.11	-4.10	<0.01		
	太阳总辐射（W·m^{-2}）	0.005	0.000	18.49	<0.01	0.77	240
	风速（m·s^{-1}）	0.29	0.057	5.03	<0.01	0.31	240
	相对湿度（%）	-0.017	0.003 0	-5.75	<0.01	-0.35	240
	土壤体积含水率（cm^3·cm^{-3}）	0.41	0.082	5.05	<0.01	0.31	240
平均木	常量	-2.72	1.15	-2.37	<0.05		
	太阳总辐射（W·m^{-2}）	0.005	0.000	18.52	<0.01	0.77	240
	风速（m·s^{-1}）	-0.017	0.003 0	-5.53	<0.01	-0.34	240
	相对湿度（%）	0.23	0.059	3.90	<0.01	0.25	240
	土壤体积含水率（cm^3·cm^{-3}）	0.29	0.084	3.42	<0.01	0.22	240
最小木	太阳总辐射（W·m^{-2}）	0.005	0.000	17.41	<0.01	0.75	240
	风速（m·s^{-1}）	0.26	0.053	4.89	<0.01	0.30	240

（续表）

标准木	环境因子	偏回归系数	标准误	t值	显著性水平	偏相关系数	n
	相对湿度（%）	−0.021	0.003 0	−7.05	<0.01	−0.42	240
最小木	大气温度（℃）	−0.069	0.015	−4.45	<0.01	−0.28	240
	土壤体积含水率（cm³·cm⁻³）	0.17	0.027	6.53	<0.01	0.39	240

各环境因子与液流速率的回归模型如表5-4所示，各模型拟合效果较好，相关系数分别为0.89、0.88和0.93，在显著性水平小于0.01的情况下，回归方程总体上具有准确的预测效果。

表5-4 液流速率与环境因子的回归模型
Tab. 5-4 The hourly sap flow velocity and influence factor regression model

标准木	回归方程	R^2	F值	显著性水平
最大木	$J_s=-4.56+0.005\ 0R_n+0.29W_s-0.017RH+0.41SWC$	0.89	458.87	<0.01
平均木	$J_s=-2.72+0.005\ 0R_n-0.017RH+0.23W_s+0.29SWC$	0.88	411.04	<0.01
最小木	$J_s=0.005\ 0Rn+0.258W_s-0.021RH-0.069T_a+0.20SWC$	0.93	588.05	<0.01

当液流速率处于较高水平时各环境因子与液流速率的相关性可能很好，当液流速率处于较低水平时各环境因子与液流速率的相关性未必降低，即液流速率的大小和环境因子与液流速率的相关性没有关系，因此仅分析环境因子与以时为步长的液流速率的关系，无法全面地反映环境因子对液流的作用。日液流量（Q，单位为L·d⁻¹）是液流速率是在一天内对时间的积分，是林木在一天内总的蒸腾耗水量，本研究选择以日为时间单位步长的太阳总辐射量（R_n^2）、大气温度（T_a）、相对湿度（RH）、风速（W_s）和土壤体积含水量（SWC）与日液流量进行相关分析。日液流量季节变化可以分为两个时期，第一个时期为5—6月，太阳高度角逐渐增大，太阳总辐射增强，大气温度升高，日液流量却因自身的生长周期逐渐下降；第二个时期为7月以后，日液流量一直维持在较高的水平。因此本研究选择5月与7月，对其日液流量与环境因子进行统计分析，研究日液流量与环境因子之间的关系。

采用多元线性回归的方法，将日液流量与太阳总辐射量、大气温度、相对湿度、风速和土壤体积含水量进行逐步回归，结果如表5-5所示，影响3棵樟子松日液流量的因子分别为：相对湿度>大气温度，相对湿度>大气温度，大气温度>相对湿度，相对湿度与大气温度是影响日液流量的最主要因子，且呈负相关关系，大气温度与口液流量呈负相关关系，是因为5月气温逐渐升高，而日液流量由于自身生长特性的原因逐渐减小，并不意味着大气温度升高导致液流量减小。其他环境因子在回归方程中对日液流量影响很小被排除。

表5-5　多元线性回归的系数列表（5月）

Tab. 5-5　List of coefficients in multivariate linear regression（May）

标准木	环境因子	偏回归系数	标准误	t值	显著性水平	偏相关系数	n
	常量	55.69	5.02	11.09	<0.01		
最大木	相对湿度（%）	−0.40	0.070	−5.79	<0.01	−0.74	31
	大气温度（℃）	−0.92	0.19	−4.82	<0.01	−0.67	31
	常量	26.46	2.31	11.44	<0.01		
平均木	相对湿度（%）	−0.20	0.032	−6.08	<0.01	−0.75	31
	大气温度（℃）	−0.34	0.088	−3.83	<0.01	−0.59	31
	常量	15.95	1.32	12.12	<0.01		
最小木	大气温度（℃）	−0.032	0.050	−6.43	<0.01	−0.77	31
	相对湿度（%）	−0.11	0.018	−5.88	<0.01	−0.74	31

各环境因子与日液流量的回归模型如表5-6所示，各模型拟合效果一般，相关系数分别为0.59、0.57和0.56。

表5-6　5月液流速率与环境因子的回归模型

Tab. 5-6　The daily sap flow velocity and influence factor regression model in May

标准木	回归方程	R^2	F值	显著性水平
最大木	$Q=55.69-0.40RH-0.92T_a$	0.59	23.27	<0.01
平均木	$Q=26.46-0.20RH-0.34T_a$	0.57	14.65	<0.01
最小木	$Q=15.95-0.32RH-0.11T_a$	0.56	34.63	<0.01

采用多元线性回归的方法，将日液流量与太阳总辐射量、大气温度、相对湿度、风速和土壤体积含水量进行逐步回归，结果如表5-7所示，影响3棵樟子松日液流量的因子相同，均为太阳总辐射量>相对湿度，其中相对

湿度与液流速率呈负相关，太阳总辐射量与大气相对湿度是影响日液流量的最主要因子，其他环境因子在回归方程中对日液流量影响很小被排除。

表5-7　多元线性回归的系数列表（7月）

Tab. 5-7　List of coefficients in multivariate linear regression（July）

标准木	环境因子	偏回归系数	标准误	t值	显著性水平	偏相关系数	n
	常量	34.54	9.25	3.73	<0.01		
最大木	太阳总辐射量（W·m⁻²）	1.06	0.091	11.60	<0.01	0.91	31
	相对湿度（%）	−0.42	0.11	−3.75	<0.01	−0.58	31
	常量	14.96	4.95	3.02	<0.01		
平均木	太阳总辐射量（W·m⁻²）	0.51	0.049	10.51	<0.01	0.89	31
	相对湿度（%）	−0.19	0.060	−3.14	<0.01	−0.51	31
	常量	10.95	3.08	3.55	<0.01		
最小木	太阳总辐射量（W·m⁻²）	0.26	0.023	10.99	<0.01	0.90	31
	相对湿度（%）	−0.16	0.003 0	−3.02	<0.01	−0.46	31

各环境因子与日液流量的回归模型如表5-8所示，各模型拟合效果较好，相关系数分别为0.87、0.82和0.86，在显著性水平为小于0.01的情况下，回归方程总体上具有准确的预测效果。

表5-8　7月液流速率与环境因子的回归模型

Tab. 5-8　The daily sap flow velocity and influence factor regression model in July

标准木	回归方程	R^2	F值	显著性水平
最大木	$Q=34.58+1.06R_n-0.42RH$	0.87	214.44	<0.01
平均木	$Q=14.96+0.51R_n-0.19RH$	0.82	170.67	<0.01
最小木	$Q=10.95+0.26R_n-0.16RH$	0.86	86.44	<0.01

总体上看，5月各气象因子与土壤体积含水率日均值等外界条件和日液流量的相关性较弱，回归模型的拟合效果一般，7月外界条件和日液流量的相关性较强，回归模型的拟合效果较好，说明5月外界条件对日液流量的影响较小，日液流量主要受其自身生长周期的影响，而7月受外界条件的影响较大。

5.5 基于林木耗水的林分适宜密度分析

研究区内选择沙地樟子松接近林地平均胸径、树高和冠幅的标准木，依据单株林木进行林分耗水的推导：林分总耗水量为被测标准木生长季内的总耗水量乘以标准样地内林木株数然后与标准地面积之比。

本研究中樟子松最大木、平均木和最小木的单株投影面积分别为4.15m²、2.07m²和1.71m²，林分密度在1 450株·hm⁻²。

2014年樟子松最大木、平均木和最小木单株林木生长季内耗水量分别为4 084.8L、2 171.2L和993.6L。

林分耗水总量的推算见式（5-1）：

$$V = \frac{FN}{S} \qquad (5-1)$$

式中：V为林分总耗水量（mm·年⁻¹）；F为被测标准木生长季内的总耗水量（mm）；N为标准样地内樟子松数量；S为标准样地的面积（m²）。以林分内全部为最大木、平均木和最小木来分别计算林分耗水则得到，林分耗水分别换算为：2 147.07mm、1 141.24mm和522.26mm。由于樟子松林处于栽植初期，生长需水量较高，以2014年386.7mm降水量来计算，天然降水量是无法满足其生长需求的，仍需要进行人工灌溉确保植物体生长存活。

研究干旱、半干旱地区的区域环境容量对林业生态工程建设十分重要。区域环境容量，指在人类生存和自然生态允许的某一环境下，所能承受消耗量的最大载荷。而植物的水分环境容量可以理解为区域水文容量，指在某一区域内的水环境所能容纳的植物种类及其数量。同理，沙地林木水分环境容量，要求特定的环境因子，如在无灌溉及无地下水源补充土壤水分的干旱地区，在维持区域生态及水量平衡的前提下，一定降水资源所能容纳的某一植物种的数量。这一数量体现在林分结构上，就是某立木正常生长所需要的最小水分营养面积（樊文慧，2012）。

计算水分环境容量及营养面积，首先要明确林地生长季内土壤水分的消耗量和输入量。土壤含水量在降水、灌溉补给和蒸发、吸收消耗的共同作用下，发生着反复的动态变化，对表层沙土来说，水分蒸发是主要水分耗散途径，对下层土壤来说，根系吸收是水分消耗的主要途径。樟子松林地林下枯落物和土壤层具有良好的水文效应功能，能够含蓄较多的水分，因此假定理想的情况下，樟子松人工林在有枯落物的覆盖下是无土壤蒸发现象产生的，并且无效降水即被土壤完全蒸发掉了。

土壤水分输入方面，研究区内认定无人为灌溉情况出现，林木生长完全依靠天然降水。2014年降水情况，5—10月有效降水天数为35d，整个生长季总量386.7mm的降水为有效降水。以学者界定的多年降水（386.7mm）保证率80%来算。有效降水量应该为309.36mm。推导最小水分营养面积和水分环境容量。

同时，在试验期内未出现地表径流情况，因此按照降水资源环境容量的内涵界定，在无地表径流，无土壤深层渗漏，降水资源得以充分利用的情况下，林分在某一生长季内，对降水资源的消耗量应小于或等于降水总量，见式（5-2）：

$$T \cdot N + ET \cdot A \leqslant P \cdot A \qquad (5\text{-}2)$$

式中：T为林木耗水量（mm）；N为单位面积林地林木株数；ET为林地土壤蒸发量（mm）；P为降水量（mm）；A为单位林地面积（m²）。

对应的最小水分营养面积S（m²），见式（5-3）：

$$S = \frac{V}{H} \qquad (5\text{-}3)$$

式中：H为有效降水量（或有效降水量与土壤蒸发量的差值）。

考虑到实际土壤蒸发量，在无外界水源输入条件下，以80%保证率的历年降水量（309.4mm）下，计算得出，樟子松最大木、平均木和最小木最小水分营养面积分别为13.20m²、7.02m²和3.21m²，见式（5-4）：

$$N = \frac{10\ 000}{S} \qquad (5\text{-}4)$$

式中：N为林地水分环境容量（株·hm⁻²）。

樟子松的水分环境容量，未考虑到实际土壤蒸发量，以80%保证率的历年降水量（309.4mm）下，分别为757株·hm⁻²、1 424株·hm⁻²和3 113株·hm⁻²。综合考量，以80%保证率的历年降水量（309.4mm）为基础数据，计算所得的樟子松水分环境容量为该地区最适宜林分密度，以平均木为标准为1 424株·hm⁻²。其水分适应程度最高。

6 樟子松林分结构与降水分配功能耦合

樟子松具有土壤浅层水分利用率高，植株蒸腾活动对外界环境变化敏感度低，易成林等特点，是沙区代表的造林树种。作为乔木树种，林冠层对于降水截留分配作用也较灌木树种明显，更具实际意义。因此，本章对已有的樟子松人工林林冠降水截留与林分结构之间的关系进行深入研究，进一步认识并理解樟子松沙地适应性和生态功能，并对毛乌素沙区的造林绿化工作，改变生态环境，促进沙漠化逆转起到重要作用。本研究地点位于毛乌素南缘榆林市珍稀沙生植物保护基地，植物保护基地引进樟子松有近30年历史，樟子松人工林造林历史长，成活率高，取得了较好成果。由于樟子松细根主要分布于1m深的土壤层中，植物保护基地内地下水位低于10m，根系够不到地下水位，樟子松的生长主要依赖于大气降水。樟子松人工林自然稀疏的过程也是水分竞争的结果。本研究根据现有的林分情况，选取研究区内樟子松人工林，林龄在24~28年，因为林内初植后未进行灌溉措施，林分生长初期就面临严重的水分竞争，各项指标分化明显，对开展后续研究工作，提供了较为成熟的试验背景和可行性基础。本研究地点榆林沙区的历史降水特征已在第4章进行了概述，榆林沙区降水趋势变化属于下降型，且周期性变化趋势不明朗。同时，温度的连年升高，也使植物忍受区域内增温和减雨的影响，严重时可造成植物大范围死亡。沙区植物生存的限制因素是水分，沙区防护林的建设核心就是调结构以适应当地的生态环境。两者结合起来，防护林构建理论与技术重心在于调整林分结构以适应水分条件。

6.1 林分结构变量

林分空间结构是指林木在林地上的分布格局及其属性在空间上的排列方式，决定了树木之间的竞争态势及空间的生态位，并最终影响了林分的稳定性和经营空间的大小，是群落生产力的综合反映（惠刚盈等，2004）。研究分析林分空间结构，主要指标是角尺度和大小比数，本质是计算空间结构指标，关键是确定参照树的最近相邻木，从而对周围的林木生长状况进行评价，研究方法较为成熟。本研究利用角尺度对林分尺度内个体空间分布格局进行了分析，并采用林木的树高、胸径、生物量、冠幅和分枝角作为计测大小比数的不同变量，对樟子松人工林的不同大小比数和角尺度进行了分析比较。目的是更好地了解角尺度在樟子松人工林林地上的适用性，以及在各种变量上大小比数计算时的可靠性和林分结构在各变量水平上的差异性。

6.1.1 各样地胸径与高径比分布

图6-1显示了总的樟子松样地林分胸径和树高之间的关系，胸径和树高呈现正比关系，随着胸径的增大树高也在增大；也有研究表明胸径和树高没有直接关系。由于各样地密度差别较大，其相关系数仅为0.580，因此对胸径分级，并采用高径比来说明更具实际意义。

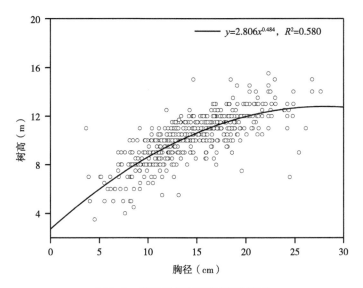

图中曲线方程：$y=2.806x^{0.484}$，$R^2=0.580$

图6-1 樟子松胸径和树高的关系

Fig.6-1 The relationship between diameter at the breast height and tree height of *Pinus sylvestris* var.*mongolica*

依据孟祥楠等（2012）的研究（孟祥楠等，2012），每3cm为一个径

级，共分为12个径级，按样地每一径级的个体百分比绘制径级结构图。每
0.1cm为一个高径比等级，共分为12个等级，按样地统计每一高径比等级的
个体百分比，绘制高径比结构图。

　　图6-2表明，统计不同密度樟子松人工林样地内各径级内个体百分
比，并以11cm为中值，统计该胸径以上个体的数量分布特征。结果发现樟
子松个体胸径生长呈钟形分布，随着密度的减小，大径级的个体数逐渐增
加。P_I样地中，胸径在21cm的比例最高，为38.0%；P_{XI}样地中，以分布在
11～13cm径级范围内最多，比例略高，为21.79%，胸径在11cm以上的个体
比例为29.49%。

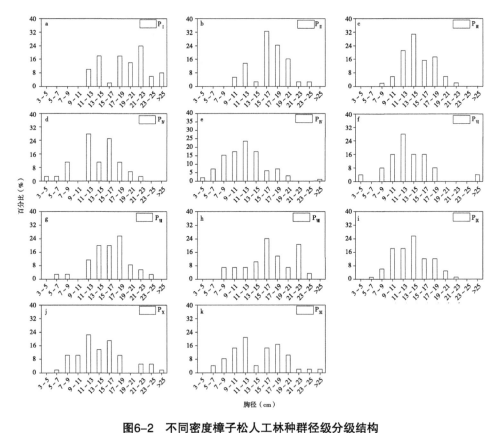

图6-2　不同密度樟子松人工林种群径级分级结构

Fig.6-2　Diameter class structure of *Pinus sylvestris* var.*mongolica*

populations in different stand densities

　　进一步统计不同密度条件下样地内各高径比等级的百分比，并以0.7为

中值，统计该高径比以上个体的数量分布特征。结果发现，随着樟子松人工林密度的减小，其高径比较大的个体逐渐减少。如图6-3所示，样地中，P_I样地中，以分布在0.6～0.7范围内最多，比例为43.24%，高径比大于0.7的个体比例为18.92%；P_{XI}样地中，以分布在0.7～0.8范围内最多，比例为30.49%，高径比大于0.7的个体比例为87.01%。

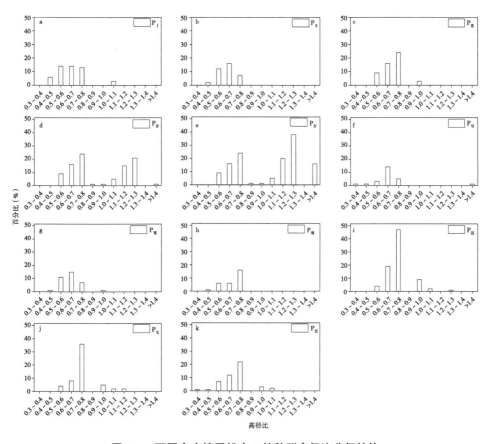

图6-3　不同密度樟子松人工种群高径比分级结构

Fig.6-4　Ratio of the height and diameter class structure of *Pinus sylvestris* var. *mongolica* populations in different stand densities

　　本研究对各林分密度与胸径和高径比之间关系的统计分析发现，林分密度与平均胸径呈幂函数递减关系（R^2=0.844）。林分密度和高径比呈显著的线性正相关关系（R^2=0.580）（图6-4）。

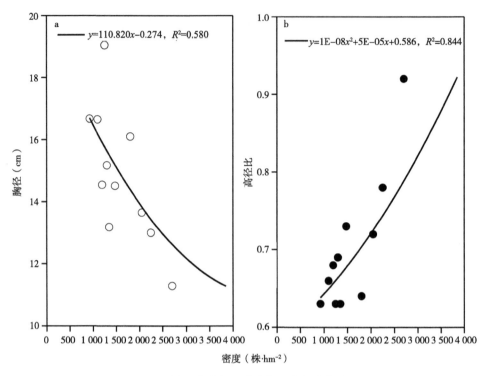

图6-4　林分密度与平均胸径、高径比的关系

Fig.6-4　The relationship between stand densities and average diameter at the breast height，and the ratio of the height and diameter of the trees

6.1.2　各样地角尺度分析

角尺度W_i的5种取值0、0.25、0.5、0.75和1，对应的定性描述分别为绝对均匀、均匀、随机、不均匀或是很不均匀。研究表明各样地平均角尺度取值范围是0.346～0.538。均值<0.5的样地占到63.60%，>0.5的样地占到36.40%。说明占半数以上的样地林木分布为均匀分布，少数样地林木分布是团状分布，以5种角尺度计算的林木个体空间分布格局（图6-5）。各样地中没有很不均匀的空间，即没有W_i=1的单木。总体来说林分角尺度分布频率左侧大于右侧，绝对均匀的空间结构单元除$P_Ⅰ$（16.30%），其他样地<10%。均匀和随机空间结构单元占的比例较大分别为14.28%～45.00%和9.90%～16.30%。从图6-5看出随着林分密度的减小，绝对均匀值处于缓慢上升，均匀值各样地变化浮动较大，而随机值各样地相差不大，不均匀值$P_Ⅸ$样地最低为0.98%，其他样地<5%，可以说明林分更加趋于均匀分布，

这也是人工林的一个共同特点——无论是初植还是经营抚育都是成排成列经营。

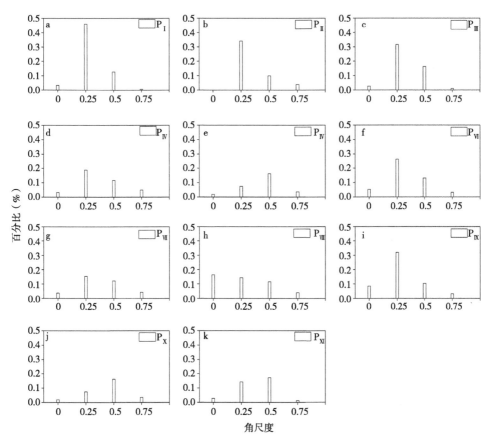

图6-5 各样地林分角尺度分布

Fig.6-5 The distribution of uniform angle among stands

从挑选典型林分密度样地说明其分布格局，在分析过程中设置5m的缓冲区，结果见图6-6，可以得出，密度最高的P_{XI}样地内，在核心区内有林木59株，占样地总数的74.60%，林分平均角尺度为0.394。密度最小的P_I样地核心区林木占样地总数100%，平均角尺度0.538。其中P_{IV}、P_{VI}、P_{IX}和P_X样地林木分布较为均匀，核心区林木分别为2.22%、24.00%、6.17%和5.26%，样地内部没有极强团状分布。

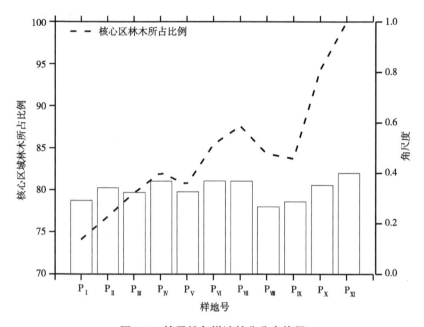

图6-6　樟子松各样地林分分布格局

Fig.6-6　The distribution pattern of stands

6.1.3　各样地大小比数分析

通过计算得出樟子松各样地不同变量大小比数分布都很均匀（图6-7），在20.00%左右。不同变量内方差分析结果表明（表6-1）：树高、冠幅和分枝角变量各样地差别较大（$P<0.01$），而胸径和生物量各样地差别不大。依据以上分析结果，选取典型密度样地说明各样地不同变量的大小比数。树高大小比数：P_{IV}和P_V占有最多的亚优势和优势级，P_{II}次之。从生物学特性上看，樟子松耐寒，在海拔800m以上长势好。樟子松在林分中多处于小径级，高高径比的状态，这与高径比结果相同。冠幅大小比数：P_{II}占有最多的亚优势级和优势级，P_V次之。由此可见，由于密度的不同，冠幅变量受到一定影响，密度小的样地，林木拥有更多的空间冠幅的生长，有利于林木接受更多的阳光，P_V因为密度较高，林木垂直生长的速度较快，冠幅在高生长量的状态下并没有因此减小，因此呈现出密度相反而大小比数接近的状态。分枝角大小比数：P_{IV}和P_{II}占有最多的亚优势和优势级，这与树高的大小比数结果一致。

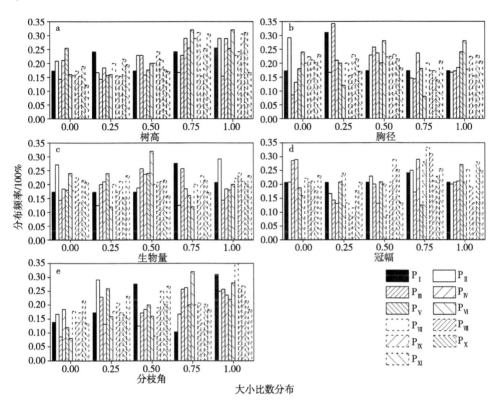

图6-7　樟子松不同变量大小比数分布

Fig.6-7　Distribution of different variables of neighborhood comparison of
Pinus sylvestris* var. *mongolica

表6-1　各性状方差分析

Tab. 6-1　Analysis of variance of different traits

性状	df	均方	*F*值	显著性水平
树高	10	0.017	6.49	<0.01
胸径	10	0.005	1.99	>0.05
生物量	10	0.002	1.18	>0.05
冠幅	10	0.011	3.68	<0.01
分枝角	10	0.017	6.49	<0.01

　　进一步将各变量的大小比数做Pearson相关性分析，结果表明，树高与分枝角相关性很强（相关系数为0.920，极显著）（表6-2），而其他性状间相关关系不显著。生物量是树高和胸径的反映量，通过以上结果看出生物量更多依赖于胸径。树高能显著影响分枝角的大小，这与植物的生理学作用有关。

表6-2 各变量的大小比数间Pearson相关性分析

Tab. 6-2 The Pearson correlation analysis of variables of neighborhood comparison of Mongolian scots pine plantations

性状	树高	胸径	生物量	冠幅	分枝角
树高	1	−0.138	0.245	0.112	0.920**
胸径	−0.138	1	0.325	−0.187	−0.138
冠幅	0.112	−0.187	0.165	1	0.112
生物量	0.245	0.325	1	0.165	0.145
分枝角	0.920**	−0.138	0.145	0.112	1

由此可见，林木的树高、冠幅和分枝角分化程度最大，然后是胸径和生物量。此时林分正处在演替中期竞争淘汰阶段，林木个体的树高、冠幅和分枝角分化日渐明显，由此可知，树高和冠幅是加强其竞争力的主要手段，而胸径和生物量的分化不是林木间竞争的主要策略。

6.1.4 各样地林木生长率

根据施耐德林木胸径生长速率公式，考虑到林龄分布（中龄林），将樟子松人工林林木生长状况取中庸，K值取值为600。计算得出，年胸径生长速率大小的排序情况为：$P_X>P_{VI}>P_{IX}>P_{XI}>P_{VIII}>P_I>P_{II}>P_{III}>P_{VII}>P_V>P_{IV}$。与生长速率略有不同的是，林分密度小的林地胸径生长量较大（表6-3）。

表6-3 不同密度樟子松人工林林木胸径生长速率

Tab. 6-3 Growth rate of diameter at breast height of *Pinus sylvestris* var. *mongolica* in different stand densities

样地号	施耐德生长率（%）	样地号	施耐德生长率（%）
P_I	2.84 ± 0.35	P_{VII}	2.67 ± 0.50
P_{II}	2.75 ± 0.84	P_{VIII}	2.92 ± 0.85
P_{III}	2.71 ± 0.49	P_{IX}	3.59 ± 0.79
P_{IV}	1.73 ± 0.42	P_X	3.93 ± 0.86
P_V	2.58 ± 0.28	P_{XI}	3.37 ± 1.15
P_{VI}	3.74 ± 0.50		

注：数据为均值±标准差，下同

本研究认为过高的林分栽植密度,其林木胸径生长速度越快,是林木间争夺林地资源采取的手段和策略,也是加速林分稀疏的过程。因为优势树木加快生长,以占有更大的林地空间,利于汲取更多养分,可以较好地促进树高、胸径、冠幅等因子的生长,并能优先利用水分资源,起到促使林分结构改善的作用。

同时,冠幅生长离不开植物根系的发展,植物根系具有汲取水分、调节土壤养分、促进地上部分植物生长等作用,由于沙区植物竞争是水分的竞争,根系在土壤层的垂直和水平分布特征,能合理反映出在一定的林分密度下,林木间的作用关系。所以下文对地下土壤根系分布做了相应研究,说明根系在土壤中的分布状况,及其和土壤水分之间的相互作用关系。

6.1.5 林下土壤细根分布特征

对试验地外3棵樟子松林木(树龄为18年、27年和39年)进行根系研究,研究结果如下。由图6-8可知,小、中、大3棵沙地樟子松细根主要分布在距树干基部的水平距离1.5m内,分别占到总细根量的67.3%、62.1%和51.7%,而在冠幅以外分布稀少。说明根系分布特征与冠幅分布是相一致的。

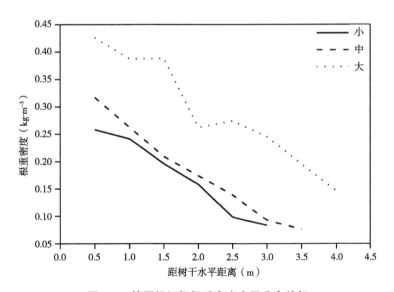

图6-8 樟子松细根根重密度水平分布特征

Fig.6-8 Distribution of fine root weight density of *Pinus sylvestris* var.*mongolica*

太阳辐射对根系的影响较复杂,涉及生态系统的水热平衡因素,进而影响根系的生长和分布。由图6-9可看出，沙地樟子松细根总量以南北方差异明显，东西方相差不大。其分布特征受太阳辐射的分布负向控制。一般对沙地土壤（风沙土）来说，土壤水分蒸散量较高，土壤表面蒸发量与太阳辐射强度呈显著的正相关关系。太阳辐射通过热传导耗散土壤浅层水分，从而间接影响了植物的根系分布。

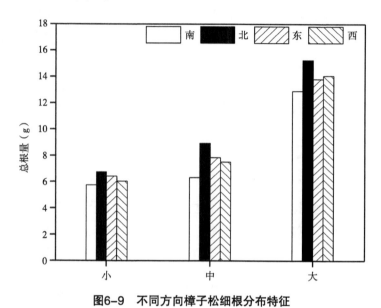

图6-9 不同方向樟子松细根分布特征

Fig.6-9 Distribution of fine root of *Pinus sylvestris* var.*mongolica* under different directions

由图6-10可看出，3棵沙地樟子松细根根重密度随土壤深度的变化趋势呈抛物线趋势，其中大沙地樟子松变化较为明显。而小、中两棵沙地樟子松的细根根重密度相差较小，且变化规律相似。总体上，根重密度主要分布在10~40cm，以10~20cm土层所占比例最高，分别占到总细根量的49.4%、52.0%和47.9%。而在0~10cm土层，由于沙土保水能力较差，水分蒸发量大，根重密度较小。小、中、大樟子松10cm以下的细根根重密度随土壤深度分布，可以由对数函数和二次函数分别进行说明，拟合得到的方程相关性系数均较高，说明了沙地樟子松根系的水分趋向性适应。

根系分布对土壤含水量的影响。由图6-11可看出，3棵沙地樟子松林地下表层土壤含水率均较低，体现了干沙层水分快速蒸发、消耗的特点。中层土壤含水率与根系含量的变化趋势相反。在70cm以下的土层中，根系含量变少，土壤受根系分布量影响较小。含水率较表层土壤的含水率有所升高。

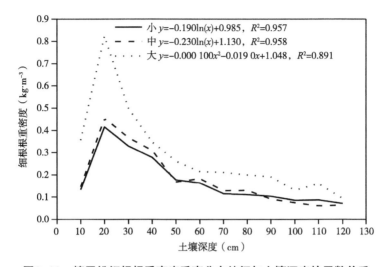

图6-10　樟子松细根根重密度垂直分布特征与土壤深度的函数关系

Fig.6-10 **Vertical distribution of root weight density characteristics of *Pinus sylvestris* var. *mongolica* and its relationship with soil depth**

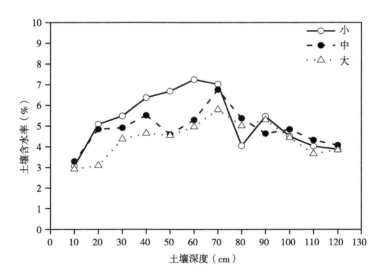

图6-11　樟子松林下土壤含水率垂直变化特征

Fig.6-11 **Vertical variation of soil water content under *Pinus sylvestris* var.*mongolica* land**

6.1.6　人工林下草本多样性分析

本研究样地内未出现除樟子松以外的其他乔木，因此本研究只讨论林下草本层的植物多样性特征。对不同密度樟子松人工林林下的植物进行统计，发现

16个植物种类，隶属于大戟科（Euphorbiaceae）、萝藦科（Asclepidaceae）、茜草科（Rubiaceae）、茄科（Solanaceae）等8个科13个属。

以5种典型密度样地为例（P_I、P_{III}、P_V、P_X和P_{XI}），表6-4表明，各林地林下均以禾本科的狗尾草（*Setaria viridis*）为优势种，在5个样地中，狗尾草的重要值分别为35.27、39.48、33.24、41.61和38.48。随着密度不断减小，植物种类分别增加到10种（P_I）、6种（P_{III}）、8种（P_V）、7种（P_X）和5种（P_{XI}）。同时，林内光照增加，林下物种组成发生明显变化，喜阴植物比例降低。从各物种重要值排序结果可以发现，茜草（*Rubia cordifolia*）和枸杞（*Lycium chinensis*）等喜阴物种，是密度最大的P_{XI}样地的优势种，而金色狗尾草（*Setaria glauca*）和阿尔泰狗娃花（*Heteropappus altaicus*）等喜阳物种，是密度较小的P_I和P_V样地的优势种。

表6-4　不同密度樟子松人工林林下物种的重要值

Tab. 6-4　Importance values of undergrowth species at different stand densities of *Pinus sylvestris* var.*mongolica* populations

物种	样地				
	P_I	P_{III}	P_V	P_X	P_{XI}
狗尾草（*Setaria viridis*）	35.27	39.48	33.24	41.61	38.48
茜草（*Rubia cordifolia*）		6.44			17.19
枸杞（*Lycium chinensis*）		10.51			16.8
沙生针茅（*Stipa glareosa*）					13.77
猪毛蒿（*Artemisia scoparia*）					13.77
地锦草（*Euphorbia humifusa*）	7.05		13.98	15.4	
黄花蒿（*Artemisia annua*）			3.6	10.74	
阿尔泰狗娃花（*Heteropappus altaicus*）	8.19	14.21	16.18	10.52	
藜（*Chenopodium album*）	6.92	11.36		8.75	
小花鬼针草（*Bidens parviflora*）	5.25		6.56	6.87	
糙隐子草（*Cleistogenes squarrosa*）	3.68			6.1	
鹅绒藤（*Cynanchum chinense*）		18			
金色狗尾草（*Setaria glauca*）	21.2		13.76		
鹤虱（*Lappula myosotis*）	4.87		7.86		
附地菜（*Trigonotis peduncularis*）	3.6		4.82		
刺藜（*Chenopodum aristatum*）	3.97				

本研究的密度范围内，随着林分密度的减小，樟子松人工林草本丰富度增加，由P_{XI}的5增加到P_I的10；Shannon多样性指数H'增加明显，由P_{XI}的1.516增加到P_I的1.944，但Simpson多样性指数D无明显变化。从均匀度指数的变化来看，J_w值与E_a值的变化趋势基本一致，均随着樟子松林分密度的减小而减小（表6-5）。

表6-5　不同密度樟子松人工林草本层物种多样性指数

Tab. 6-5　Species diversity indices of herb layer in *Pinus sylvestris* var. *mongolica* populations in different stand densities

样地	S	D	H'	J_w	E_a
P_I	10	0.805	1.944	0.844	0.689
P_{III}	6	0.763	1.613	0.900	0.803
P_V	8	0.811	1.853	0.891	0.796
P_X	7	0.764	1.697	0.872	0.728
P_{XI}	5	0.756	1.516	0.942	0.873

注：S为丰富度指数；D为Simpson多样性指数；H'为Shannon多样性指数；J_w为Pielou均匀度指数；E_a为Alatalo均匀度指数

对各项指数与林分密度做Pearson相关分析，结果表明，樟子松人工林林分密度与物种丰富度指数（S）、多样性指数（D、H'）呈显著的负相关关系，相关系数分别为-0.892、-0.832、-0.920；与均匀度指数J_w呈显著正相关关系，相关系数为0.862。其中，Shannon多样性指数H'对密度变化最为敏感。同时，物种丰富度指数与多样性指数、均匀度指数均显著相关；多样性指数D与H'显著相关，均匀度指数J_w和E_a显著相关，但多样性指数与均匀度指数之间相关性不明显（表6-6）。

表6-6　不同密度樟子松人工林林分密度与林下物种丰富度指数（S）、多样性指数（D、H'）、均匀度指数（J_w、E_a）的Pearson相关关系

Tab. 6-6　Pearson correlation coefficient of diversity index of herb layer at different stand densities of *Pinus sylvestris* var. *mongolica*

相关系数	密度	S	D	H'	J_w	E_a
密度	1.000	-0.892*	-0.832*	-0.920*	0.862*	0.768
S		1.000	0.855*	0.982*	-0.900*	-0.844*
D			1.000	0.928*	-0.597	-0.481

（续表）

相关系数	密度	S	D	H'	J_w	E_a
H'				1.000	−0.849*	−0.773
J_w					1.000	0.986*
E_a						1.000

注：*表示在0.05水平上显著相关

表6-7显示了不同密度樟子松人工林林下草本共有种数和相似系数，可见不同密度林下物种组成存在较大差异。高密度林分（P_{XI}，2 700株·hm^{-2}）与其他密度林分的共有种数和相似性尤其小，与其他样地共有种数分别仅为1、3、1和1，相似系数分别仅为0.167、0.545、0.154和0.133。而林分密度为P_I（925株·hm^{-2}）和P_V（1 300株·hm^{-2}）时，与其他密度林分的林下物种相似性明显增加。

表6-7　不同密度樟子松人工林林下共有种数和植物物种的相似系数

Tab. 6-7　Community species and similarity coefficient of species at different stand densities of *Pinus sylvestris* var.*mongolica*

样地	P_I	P_{III}	P_V	P_X	P_{XI}
P_I		3	7	6	1
P_{III}	0.353		0.286	3	3
P_V	0.778	2		5	1
P_X	0.706	0.500	0.667		1
P_{XI}	0.133	0.545	0.154	0.167	

林分密度对林下物种多样性影响研究方面，本研究中的樟子松人工林林下草本，以禾本科的狗尾草为优势种，与孟祥楠等（2012）在嫩江沙地的研究结果相一致。理论上讲，相同区域内，同一建林树种下的草本植物多样性具有相似的特点。本研究结果表明，在毛乌素沙地，樟子松人工林的林分密度与林分结构、林下物种多样性的相关关系十分显著。且不同密度樟子松人工林林下物种存在较大差异，林分密度较大时，林下共有物种相对较少，而林分密度较小时，林下共有物种相对较多。说明适当地调节合理的林分密度，可提高人工林生态系统的稳定性，并改善生态系统功能。从生物多样性结果来看，在毛乌素沙地樟子松人工固沙林的最优密度在1 000株·hm^{-2}以内

（本研究为925株·hm^{-2}），该密度下，林下物种丰富度指数、多样性指数达到最高，能够保障林下植物多样性的维持。

6.1.7 人工林林内土壤蒸发

2013年6月1日至9月15日降水季期间，通过对研究区P$_{I}$、P$_{IV}$、P$_{V}$、P$_{XI}$和对照样地的自制简易蒸散装置内筒的连续称重测定。如图6-12所示，计算得到2013年6—9月，研究区5个样地内各测点的平均蒸发速率及标准差。对照样地平均日蒸发速率为0.136mm·h^{-1}，标准差为0.106mm·h^{-1}。P$_{I}$样地平均日蒸发速率为0.073 4mm·h^{-1}，标准差为0.040 2mm·h^{-1}；P$_{IV}$样地平均日蒸发速率为0.159mm·h^{-1}，标准差为0.106mm·h^{-1}；P$_{V}$样地平均日蒸发速率为0.151mm·h^{-1}，标准差为0.093 6mm·h^{-1}；P$_{XI}$样地平均日蒸发速率为0.210mm·h^{-1}，标准差为0.113mm·h^{-1}。除了P$_{I}$样地外，其他样地林地土壤表面蒸发速率均大于对照样地，其中P$_{XI}$样地林地土壤表面蒸发速率最高。说明P$_{I}$样地内，林内小气候改善效果较为显著。

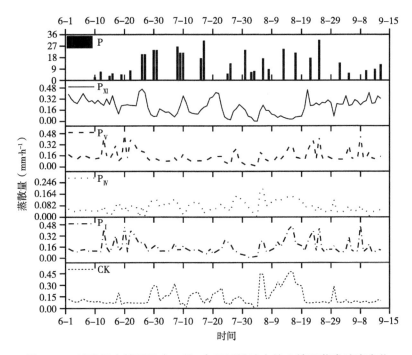

图6-12　试验期内樟子松人工林5个观测样地内的土壤日蒸发速率变化

Fig.6-12　Daily evapotranspiration rate of soil surface in five stands of
***Pinus sylvestris* var.*mongolica* plantations**

6.2 林分降水分配功能变量

6.2.1 研究区试验期降水特征

试验期降水量、降水强度、降水历时资料见图6-13。观测时间从2013年6月10日至2013年9月15日，共测得有效降水28次，降水总量为398.83mm，平均降水量为14.24mm，最大降水量为39.94mm，最大降水强度为24.29mm·h^{-1}，研究区内大部分为小雨和中雨，出现一次短时暴雨。

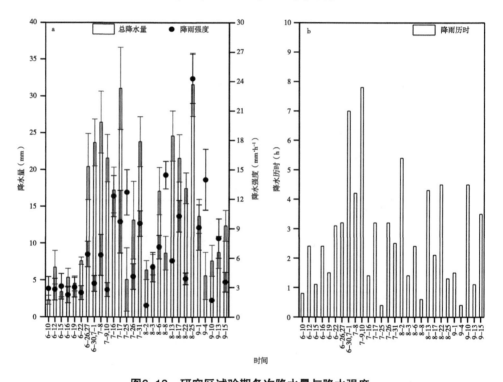

图6-13 研究区试验期各次降水量与降水强度

Fig.6-13 Precipitation and rainfall intensity of rainfall events in study area during experimental period

6.2.2 林冠截留分析

林冠截留率与林外降水量之间的关系如图6-14所示，林冠截留率随林外降水呈对数减函数趋势。在雨量很少时，林冠几乎截留大部分降水，此时可能不会出现穿透雨，截留率最大；随着林外降水量的不断增加，林冠截留率不断的降低，随着时间的推移林外降水量进一步增大时，林冠截留率变化趋缓，逐渐趋向最小截留率，最后趋于平衡，这时林冠截留达到饱和，拟合的回归方程如下：$y=0.139\ln(x)+0.715$，$R^2=0.310$，其中y为林冠截留率（%）；x为降水量（mm）。林冠截留量与林外降水量存在较强的正相关趋势。

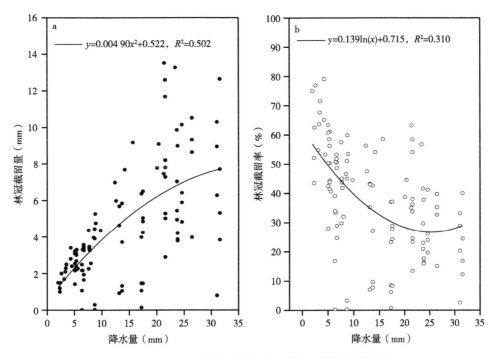

图6-14　人工林林外降水量与林冠截留、截留率的关系

Fig.6-14　Relationship between rainfall，canopy interception and canopy interception rate

6.2.3　林分穿透率分析

从图6-15可以看出，在2013年6—9月28次的降水过程中，林内穿透雨在此过程中占据主要的地位，在分别拟合了林内穿透雨量与林外降水量之间关系后，根据最大R^2值选择最佳的拟合模型。结果显示，用线性回归方程最能反映穿透雨与降水量的关系，即随着降水量或降水强度的增加，穿透雨率呈上升的趋势，并且逐渐趋于稳定。穿透雨随着降水量的增加而增加，存在显著的正相关（$R^2=0.873$）。而穿透率随着降水量的增加则逐渐趋于稳定（$R^2=0.300$）。

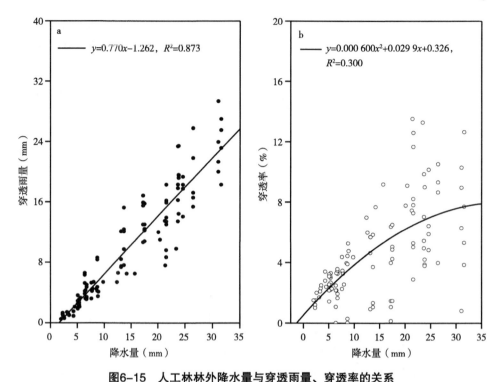

图6-15　人工林林外降水量与穿透雨量、穿透率的关系

Fig.6-15　Relationship between rainfall，throughfall and throughfall rate

　　结构与功能耦合分析拟合需要将雨量级进行人为赋值，以量化雨量指标，便于逐步回归分析与二次响应曲面拟合分析。由于降水量<10mm时穿透率的随机变异性较大，变化范围可从<10%增加至>90%，认为在此范围将雨量级再细划分意义不大，因此只划分为0～5mm级与5～10mm级2个亚等级，分析结果表明（图6-16、表6-8、表6-9），对于人工林小样地，在小雨（0～10mm）雨量级内部的穿透率无显著差异，占绝大多数，因此认为研究区穿透率在0～10mm雨量级即小雨雨量级内的变化不显著，故为统一运筹数据进行回归分析，将研究区0～10mm的雨量级赋值为1，其余同理；中雨雨量级（10～25mm）的变化不显著，将10～25mm的雨量级赋值为2；由于雨量值在（25～50mm）大雨雨量级时的穿透率已平稳，因而将25～50mm的雨量级赋值为3。

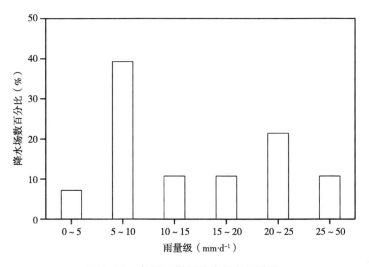

图6-16 各亚雨量级降水场数百分比

Fig.6-16 Percentage of rainfall frequency at each secondary rainfall class

表6-8 试验期内人工林样地各集雨槽各亚雨量级穿透雨观测次数

Tab. 6-8 Number of throughfall observed by using troughs for throughfall collection in the planted forest sample plots at each secondary rainfall class in study area during the experimental period

各集水槽 编号	亚雨量级（mm·d⁻¹）					
	$0 \sim 5$	$5 \sim 10$	$10 \sim 15$	$15 \sim 20$	$20 \sim 25$	$25 \sim 50$
P_I#D1	11	2	6	5	2	2
P_I#D2	11	1	5	5	2	2
P_I#D3	3	10	3	3	6	3
P_I#D4	10	2	7	4	3	2
P_{IV}#D1	10	8	4	3	2	1
P_{IV}#D2	9	9	4	3	1	2
P_{IV}#D3	9	9	4	2	2	2
P_{IV}#D4	9	8	5	1	3	2
P_{VII}#D1	9	4	1	8	3	3
P_{VII}#D2	9	4	5	4	4	2
P_{VII}#D3	9	4	1	8	4	3
P_{VII}#D4	9	4	1	8	3	3
P_X#D1	8	8	7	3	1	1

（续表）

各集水槽编号	亚雨量级（mm·d^{-1}）					
	0～5	5～10	10～15	15～20	20～25	25～50
P$_X$#D2	7	8	7	4	1	1
P$_X$#D3	8	8	7	4	1	—
P$_X$#D4	8	8	7	3	1	1
P$_{XI}$#D1	8	4	4	7	1	4
P$_{XI}$#D2	8	4	4	7	1	4
P$_{XI}$#D3	8	4	4	7	0	5
P$_{XI}$#D4	8	4	4	6	1	5

表6-9 人工林样地各集雨槽各亚雨量级穿透雨量

Tab. 6-9 Throughfall rate of the planted forest sample plots at each secondary rainfall class observed by using troughs for throughfall collection

各集水槽编号	穿透率（%）					
	0～5mm·d^{-1}	5～10mm·d^{-1}	10～15mm·d^{-1}	15～20mm·d^{-1}	20～25mm·d^{-1}	25～50mm·d^{-1}
P$_I$#D1	56.60±17.46	83.37±41.92	81.07±50.78	94.75±45.24	91.29±41.94	90.52±41.32
P$_I$#D2	50.42±15.99	81.47±44.32	90.75±53.22	94.38±47.83	90.18±44.16	89.94±43.56
P$_I$#D3	38.10±10.14	78.26±45.20	89.55±53.13	93.04±48.94	88.43±45.38	88.71±44.45
P$_I$#D4	61.64±19.84	88.36±44.93	96.50±54.83	101.77±50.11	97.26±46.36	96.76±45.84
P$_{IV}$#D1	31.73±6.15	65.06±33.29	77.90±36.81	76.78±41.39	72.21±39.09	74.35±38.11
P$_{IV}$#D2	41.51±4.44	67.56±33.07	79.56±37.49	78.88±42.17	74.10±39.75	76.34±38.77
P$_{IV}$#D3	42.42±12.95	70.50±33.53	81.38±38.72	81.72±43.37	76.92±40.97	79.19±39.97
P$_{IV}$#D4	49.57±7.52	73.20±33.66	83.46±39.70	84.54±44.19	79.86±41.35	81.79±40.54
P$_{VII}$#D1	34.64±17.79	90.64±47.86	112.989±448.32	108.74±49.69	99.85±49.74	106.62±46.18
P$_{VII}$#D2	22.58±10.64	83.76±46.60	79.13±22.74	116.98±51.06	78.76±26.99	101.16±46.09
P$_{VII}$#D3	40.16±7.85	92.67±61.84	101.28±36.57	126.87±57.16	86.84±29.45	90.04±34.80
P$_{VII}$#D4	23.43±3.22	89.41±60.71	96.03±33.46	116.33±46.57	83.54±28.33	85.81±32.57
P$_X$#D1	36.72±16.78	77.68±34.21	55.73±0.28	79.69±45.86	59.17±9.19	64.23±5.86
P$_X$#D2	41.89±21.37	82.92±35.29	57.17±0.68	82.76±48.47	62.62±9.71	66.46±6.92
P$_X$#D3	34.68±16.83	76.52±34.93	54.91±0.68	78.39±46.06	56.42±10.32	60.57±3.19
P$_X$#D4	36.88±16.76	77.72±34.20	55.73±0.28	81.30±48.98	59.10±9.22	64.22±5.88
P$_{XI}$#D1	30.16±14.37	93.56±65.92	75.37±20.80	113.80±59.20	83.34±28.69	87.34±3.54

（续表）

各集水槽编号	穿透率（%）					
	$0 \sim 5mm \cdot d^{-1}$	$5 \sim 10mm \cdot d^{-1}$	$10 \sim 15mm \cdot d^{-1}$	$15 \sim 20mm \cdot d^{-1}$	$20 \sim 25mm \cdot d^{-1}$	$25 \sim 50mm \cdot d^{-1}$
$P_{XI}\#D2$	31.77 ± 16.65	91.76 ± 50.11	75.40 ± 20.76	114.50 ± 60.39	84.60 ± 27.36	90.14 ± 5.28
$P_{XI}\#D3$	36.33 ± 12.49	95.70 ± 51.67	78.47 ± 21.99	117.01 ± 61.50	88.28 ± 29.13	93.80 ± 7.42
$P_{XI}\#D4$	42.06 ± 13.51	103.04 ± 72.66	81.45 ± 24.60	118.44 ± 60.64	90.60 ± 30.35	98.08 ± 9.65

注：数据为均值±标准差

　　经前述步骤对取得的数据进行处理与分析后，应用SAS软件9.0版的逐步回归分析过程STEPWISE，以人工林各样地林内雨穿透率（<100%）为因变量，从林分结构因素（含高径比$X1$、胸径$X2$、树高$X3$、枝下高$X4$、冠层厚度$X5$、林分密度$X6$、郁闭度$X7$和降水因素（雨量级$X8$））中筛选与穿透率关系密切的变量与变量组合。为更好地确定人工林穿透率与林分结构、降水的关系，提高模拟精度，调用二次响应曲面回归模型过程RSREG，用林内雨穿透率与逐步回归分析过程中经F检验显著，影响穿透率的主要林分结构、降水指标进行非线性的二次响应曲面拟合。

　　人工林样地穿透率逐步回归分析结果如表6-10所示。穿透率模型显著（$P<0.047$），F值较高。影响樟子松林穿透率的主要因素是雨量级（$X8$）、胸径（X2）与枝下高（$X4$），从决定系数来看，逐步回归模型在引入雨量级（$X8$）时，决定系数R^2为0.358，引入胸径（$X2$）时已达0.383，表明雨量级（$X8$）与胸径（$X2$）对决定系数贡献较大，为影响樟子松林穿透率的主要因素，又雨量级（$X8$）符号为正，表现正关联性，枝下高（$X4$）符号为负，表现负关联性，且F检验表明这2个因素均达到极显著水平（$P<0.000\ 1$），而再引入枝下高（$X2$）时仅增加至0.388，表明为次要因素，仅起到增加拟合相关性的作用，于是由逐步回归分析得到研究区樟子松林穿透率的最优线性回归模型，见式（6-1）：

$$y=0.264+0.017X2-0.011X4+0.055X8，R^2=0.388 \qquad （6-1）$$

表6-10　研究区人工林样地穿透率逐步回归分析结果（线性）
Tab. 6-10　Result of stepwise regression analysis for throughfall rate of sample plots of planted forest in study area（linear）

引入参数	模型决定系数（R^2）	标准差	F值	显著性水平
雨量级$X8$	0.358	0.140	189.126	<0.01

（续表）

引入参数	模型决定系数（R^2）	标准差	F值	显著性水平
胸径$X2$	0.383	0.138	14.848	<0.01
枝下高$X4$	0.388	0.137	3.974	<0.05

因而再对穿透率与经逐步回归分析筛选得到的影响樟子松林穿透率的主要的，且经F检验达到显著的因素——雨量级（$X8$）、胸径（$X2$）与枝下高（$X4$）进行二次响应曲面拟合，得到的樟子松林穿透率二次响应曲面模型如表6-11所示。经二次响应曲面拟合，模型的决定系数（R^2）提升至0.446但是未达到显著性水平。这样，林内某点的穿透率，可得人工樟子松林林内穿透率二次响应曲面非线性模型，见式（6-2）：

$$y = -0.204 + 0.095X2 - 0.213X4 + 0.184X8 - 0.004X2^2 + 0.008X4^2 - 0.028X8^2 \\ + 0.013X2X4 + 9.193E - 005X2X8 + 0.048X4X8 - 0.004X2X4X8 \quad (6-2)$$

表6-11　研究区人工林样地穿透率二次响应曲面分析结果（非线性）

Tab. 6-11　Result of response surface quadratic model for throughfall rate of sample plots of planted forest in study area（nonlinear）

回归模型	模型决定系数（R^2）		标准误
	0.446		0.130
	df	均方	F值（显著性水平）
	338	0.017	27.177（<0.01）
参数	标准误	t值	显著性水平
$X2$	0.053	1.796	0.073
$X4$	0.086	-2.479	0.014
$X8$	0.025	7.403	0.000
$X2^2$	0.003	-1.380	0.169
$X4^2$	0.003	2.392	0.017
$X8^2$	0.006	-4.659	0.000
$X2X4$	0.008	1.667	0.096
$X2X8$	0.000 1	2.197	0.029
$X4X8$	0.021	2.319	0.021
$X2X4X8$	0.002	-2.288	0.023

这个模型R^2并不是很高，只涉及影响穿透率的3个主要指标。

6.2.4 树干径流与径流率影响因素分析

树干径流量占林外降水总量的比例非常小，树干径流与林外降水的关系见图6-17，可以看出，树干径流与林外降水量也具有明显的线性相关关系。并且林外降水与树干径流的相关性水平达到了极显著水平。

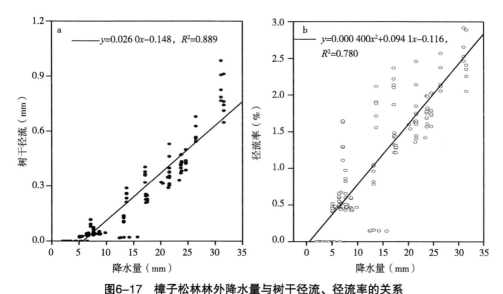

图6-17　樟子松林林外降水量与树干径流、径流率的关系

Fig.6-17 The relationship between rainfall, stemfall and stemfall rate

人工林样地径流率逐步回归分析结果如表6-12所示。由表6-12可知，径流率模型显著（$P<0.05$），F值较高。影响樟子松林径流率的主要因素是雨量级（$X8$）、胸径（$X2$）与郁闭度（$X7$），从决定系数来看，逐步回归模型在引入雨量级（$X8$）时，决定系数R^2为0.538，引入胸径（$X2$）时已达0.565，表明雨量级（$X8$）和胸径（$X2$）对决定系数贡献较大，为影响樟子松林穿透率的主要因素，又雨量级（$X8$）和胸径（$X2$）符号为正，表现正关联性，且F检验表明这2个因素均达到极显著水平（$P<0.01$），而再引入郁闭度（$X7$）时仅增加至0.569，表明为次要因素，仅起到增加拟合相关性的作用，于是由逐步回归分析得到研究区樟子松林穿透率的最优线性回归模型，见式（6-3）：

$$y = -0.002 + 0.004X2 + 0.001X7 + 0.006X8 \qquad (6-3)$$

表6-12 研究区人工林样地径流率逐步回归分析结果（线性）

Tab. 6-12 Result of stepwise regression analysis for stem flow rate of sample plots of planted forest in study area（linear）

引入参数	模型决定系数（R^2）	标准差	F值	显著性水平
雨量级$X8$	0.538	0.005 38	578.159	<0.01
胸径$X2$	0.565	0.005 23	31.036	<0.01
郁闭度$X7$	0.569	0.005 20	5.507	<0.05

因而再对径流率与经逐步回归分析筛选得到的影响樟子松林径流率的主要的，且经F检验达到显著的因素——雨量级（$X8$）、胸径（$X2$）与郁闭度（$X7$）进行二次响应曲面拟合，得到的樟子松林径流率二次响应曲面模型如表6-13所示。经二次响应曲面拟合，模型的决定系数提升至0.574到达显著性水平。这样，林内某点的径流率，可获得人工樟子松林林内径流率二次响应曲面非线性模型，见式（6-4）：

$$y = -0.005 + 0.003X2 - 0.055X7 + 0.005X8 + 0.0001X2^2 - 0.035X7^2 - 3.211E$$
$$-005X8^2 + 0.008X2X7 + 0.0001X2X8 - 0.004X7X8 + 0.001X2X7X8 \tag{6-4}$$

表6-13 研究区人工林样地径流率二次响应曲面分析结果（非线性）

Tab. 6-13 Result of response surface quadratic model for stem flow rate of sample plots of planted forest in study area（nonlinear）

回归模型	模型决定系数（R^2）		标准误
	0.574		0.005 17
	df	均方	F值（显著性水平）
	485	0.000 1	67.656（<0.01）
参数	标准误	t值	显著性水平
$X2$	0.002	1.326	0.185
郁闭度$X7$	0.044	−1.253	0.211
雨量级$X8$	0.004	1.099	0.272
$X2^2$	0.000 1	−1.585	0.114
$X7^2$	0.039	−0.889	0.374
$X8^2$	0.000 1	−0.219	0.827
$X2X7$	0.007	1.221	0.223
$X2X8$	0.000 1	−0.297	0.767
$X7X8$	0.008	−0.502	0.616
$X2X7X8$	0.001	0.715	0.475

6.2.5 人工林地枯落物的水文效应

枯落物蓄积量受不同林龄、林型、林分组成、人类活动、枯落物分解速度、厚度等性质影响（林波等，2002）。枯落物的蓄积量测定结果见表6-14，林下枯落物层厚度随着郁闭度和林分密度的增大而减小；各样地枯落物的半分解层蓄积量高于未分解层。各样地枯落物的总蓄积量排序：$P_{IX}>P_{III}>P_{V}>P_{IV}>P_{VII}>P_{II}>P_{X}>P_{I}>P_{VIII}>P_{XI}>P_{VI}$，变动范围为2.35~5.23t·hm^{-2}。

表6-14 枯落物的累积量

Tab. 6-14 Amount of litter accumulation

样地	L层				F层			
	厚度		累积量		厚度		累积量	
	cm	%	t·hm^{-2}	%	cm	%	t·hm^{-2}	%
P_{I}	2.10	40.0	1.37	42.00	3.20	60.0	1.86	58.00
P_{II}	1.79	44.00	1.61	38.00	2.27	56.00	2.63	62.00
P_{III}	1.58	36.00	1.82	46.00	2.79	64.00	2.14	54.00
P_{IV}	1.79	53.00	1.68	32.10	1.61	47.00	3.55	67.90
P_{V}	1.70	41.20	1.69	40.80	2.43	58.80	2.45	59.20
P_{VI}	3.68	49.20	0.78	33.20	3.79	50.80	1.57	66.80
P_{VII}	1.76	34.78	1.63	47.33	3.30	65.22	1.81	52.67
P_{VIII}	2.84	35.06	1.01	47.20	5.26	64.94	1.13	52.80
P_{IX}	1.38	30.20	2.08	52.66	3.19	69.80	1.87	47.34
P_{X}	2.00	36.03	1.44	46.15	3.55	63.97	1.68	53.85
P_{XI}	2.88	40.34	1.00	41.67	4.26	59.66	1.40	58.33

如表6-15所示，P_{II}样地枯落物最大持水量最大，为7.30t·hm^{-2}，相当于0.70mm的水深；P_{XI}样地枯落物最大持水量最小，为2.97t·hm^{-2}，相当于0.30mm的水深。除了P_{V}、P_{VII}和P_{X}号样地外，其余样地林下枯落物层的最大持水量均为半分解层最大，未分解层最小。P_{VI}样地枯落物层最大持水量相差最大，其分解层最大持水量是未分解层的2.29倍。枯落物最大持水率为142.66%~162.43%。P_{II}样地的有效持水量最大，为4.65t·hm^{-2}，相当于0.46mm的水深。P_{VI}样地有效持水量最小，为1.33t·hm^{-2}，相当于0.13mm的

水深。从有效拦蓄量方面看，总的有效拦蓄量P_{II}样地最高，为5.88t·hm^{-2}，P_{XI}样地最低，为1.80t·hm^{-2}。除了P_I、P_{III}和P_{IX}号样地外，其余样地林下枯落物有效持水量、最大持水量和有效持水量均是未分解层>半分解层。

表6-15　枯落物持水量

Tab. 6-15　Water holding capacity of litter under different forest stands

样地	层次	自然持水量（t·hm^{-2}）	最大持水率（%）	最大持水量（t·hm^{-2}）	有效持水率（%）	有效持水量（t·hm^{-2}）	有效拦蓄量（t·hm^{-2}）	自然含水率（%）
P_I	L层	0.46	148.36	2.03	59.96	0.82	1.04	33.55
	F层	0.61	223.50	4.17	189.54	3.53	2.634	32.72
P_{II}	L层	0.063	144.77	2.32	111.08	1.78	1.91	3.92
	F层	0.22	188.43	4.95	108.90	2.86	3.97	8.45
P_{III}	L层	0.52	153.77	2.79	62.31	1.13	1.64	28.65
	F层	0.92	164.98	3.52	126.08	2.69	1.37	43.26
P_{IV}	L层	0.36	183.86	2.96	81.63	1.32	2.05	22.59
	F层	0.77	101.75	3.61	63.06	2.24	2.09	21.61
P_V	L层	0.54	255.29	4.32	149.92	2.54	2.86	32.23
	F层	1.15	105.51	2.58	75.02	1.84	0.026	46.98
P_{VI}	L层	0.25	142.66	1.12	77.52	0.61	0.58	31.93
	F层	0.57	162.43	2.56	46.22	0.73	1.28	36.11
P_{VII}	L层	0.81	154.38	2.52	114.70	1.87	0.52	28.78
	F层	0.64	95.794	1.73	54.73	0.98	0.47	35.64
P_{VIII}	L层	0.21	151.18	1.53	117.55	1.19	1.04	20.51
	F层	0.31	197.80	2.24	60.67	0.69	1.48	27.16
P_{IX}	L层	0.63	103.13	2.14	91.34	1.90	0.93	30.11
	F层	0.80	189.96	3.56	114.37	2.14	1.63	42.63
P_X	L层	0.42	241.71	3.48	143.23	2.06	2.36	29.22
	F层	0.50	150.18	2.52	123.60	2.07	1.42	30.10

（续表）

样地	层次	自然持水量（t·hm⁻²）	最大持水率（%）	最大持水量（t·hm⁻²）	有效持水率（%）	有效持水量（t·hm⁻²）	有效拦蓄量（t·hm⁻²）	自然含水率（%）
P_{XI}	L层	0.19	136.80	1.37	122.20	1.22	0.92	19.30
	F层	0.36	114.28	1.60	98.57	1.38	0.88	25.71

枯落物持水量与浸水时间具有"S"形曲线关系，即在浸水前4h以内，枯落物吸水量较大，随后明显减小，24h基本达到吸水量的最大值，枯落物吸水量基本饱和（杨文利，2007）。对不同密度樟子松样地下枯落物持水量与浸水时段之间的关系进行回归分析（表6-16）。

表6-16 枯落物持水量与浸泡时间关系
Tab. 6-16 Correlations between water holding capacity of litter and immersion time

样地	L层		F层	
	关系式	R^2	关系式	R^2
P_I	$y=302.490\ln(x)+1\,006.400$	0.850	$y=168.740\ln(x)+3\,189.800$	0.932
P_{II}	$y=144.700\ln(x)+1\,580.500$	0.913	$y=475.530\ln(x)+3\,411.500$	0.852
P_{III}	$y=421.860\ln(x)+1\,415.300$	0.948	$y=219.090\ln(x)+2\,841.600$	0.884
P_{IV}	$y=380.600\ln(x)+999.380\,0$	0.967	$y=387.080\ln(x)+3\,565.800$	0.960
P_V	$y=406.510\,0\ln(x)+1\,799.100$	0.971	$y=114.830\ln(x)+788.080$	0.932
P_{VI}	$y=228.290\ln(x)+828.220$	0.844	$y=412.170\ln(x)+767.200$	0.997
P_{VII}	$y=135.960\ln(x)+1\,284.900$	0.944	$y=150.820\ln(x)+599.830$	0.931
P_{VIII}	$y=130.330\ln(x)+1\,246.400$	0.978	$y=508.990\ln(x)+829.100$	0.953
P_{IX}	$y=47.880\ln(x)+945.550$	0.918	$y=256.940\ln(x)+1\,284.200$	0.949
P_X	$y=373.640\ln(x)+1\,599.200$	0.967	$y=86.940\ln(x)+1\,329.600$	0.912
P_{XI}	$y=51.070\ln(x)+1\,268.600$	0.971	$y=55.750\ln(x)+1\,035.500$	0.977
P_i	$y=103.570\ln(x)+584.640$	0.964	$y=254.440\ln(x)+1\,184.100$	0.947
P_{ii}	$y=435.260\ln(x)+188.870$	0.898	$y=285.900\ln(x)+442.840\,0$	0.936

拟合3种林分不同枯落物层吸水速率与浸泡时间的关系，结果见表6-17。可以看出，短时间内枯落物层的持水量剧增，说明对水土涵养保持、水文调节功能巨大（程金花等，2002）。

表6-17　林下枯落物吸水速度与浸泡时间关系式

Tab. 6-17　**Correlations between water absorbing speed of ground cover and its immersing time**

样地	L层		F层	
	关系式	R^2	关系式	R^2
P_I	$v=573.520t^{-0.280}$	0.795	$v=404.150t^{-0.220}$	0.732
P_{II}	$v=205.270t^{-0.110}$	0.326	$v=140.400t^{-0.140}$	0.400
P_{III}	$v=387.010t^{-0.260}$	0.831	$v=237.440t^{-0.110}$	0.644
P_{IV}	$v=141.150t^{-0.150}$	0.736	$v=280.600t^{-0.120}$	0.594
P_V	$v=51.490t^{-0.0880}$	0.201	$v=688.870t^{-0.210}$	0.888
P_{VI}	$v=265.740t^{-0.120}$	0.814	$v=109.270t^{-0.0780}$	0.231
P_{VII}	$v=55.610t^{-0.0720}$	0.234	$v=295.070t^{-0.200}$	0.683
P_{VIII}	$v=327.290t^{-0.110}$	0.810	$v=163.740t^{-0.170}$	0.541
P_{IX}	$v=290.570t^{-0.130}$	0.540	$v=151.650t^{-0.260}$	0.736
P_X	$v=178.670t^{-0.190}$	0.511	$v=424.610t^{-0.140}$	0.625
P_{XI}	$v=171.700t^{-0.220}$	0.671	$v=117.320t^{-0.200}$	0.540

6.2.6　土壤理化性质及水文效应

土壤容重和孔隙度是反映土壤物理性质的重要参数，直接影响到土壤的通气性和透水性，是决定土壤水源涵养功能的重要因素。也受到地上植物种类、凋落物分解状况及土壤动物微生物的影响，从而在不同森林类型中形成一定的差异（白晋华等，2009）。从图6-18可以看出，各样地的土壤毛管孔隙度比例无显著性差异。变动范围在29.43%～45.61%。

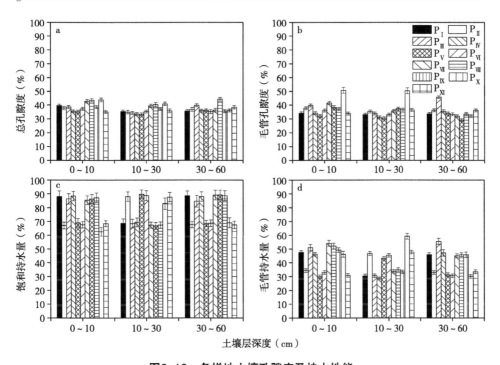

图6-18　各样地土壤孔隙度及持水性能

Fig.6-18　Soil porosity and field water capacity of all plots

森林土壤结构疏松，富含有机质，水稳性团聚体较多，是森林涵养水源的主体，对水分的贮藏量和输入量有着非常显著的影响，是制约森林生态系统水源涵养功能的决定性因素之一。林地对降水涵养调节功能又体现为对水分的静态涵养能力（蓄水能力）和动态调节能力（渗透性能）（巍强等，2008）。表6-18可以看出各样地的平均容重和土壤毛管孔隙度比例无显著性差异。变动范围分别在1.514～1.624g·cm⁻³和29.43%～45.61%。

表6-18　土壤物理性质

Tab. 6-18　Soil physical properties of all plots

样地	毛管持水量（%）	自然含水量（%）	土壤容重（g·cm⁻³）	毛管孔隙度（%）	非毛管孔隙度（%）
P_I	19.26	21.66	1.61	30.93	4.82
P_{II}	23.77	6.50	1.52	36.19	2.91
P_{III}	20.70	5.72	1.56	32.26	5.41
P_{IV}	25.94	9.65	1.58	41.13	2.25

（续表）

样地	毛管持水量 （%）	自然含水量 （%）	土壤容重 （g·cm⁻³）	毛管孔隙度 （%）	非毛管孔隙度 （%）
P_V	21.85	6.93	1.57	34.26	5.44
P_{VI}	18.38	3.67	1.61	29.52	6.22
P_{VII}	21.61	6.94	1.57	33.90	3.34
P_{VIII}	32.14	17.27	1.42	45.61	2.38
P_{IX}	23.10	6.92	1.55	35.87	2.01
P_X	19.44	5.38	1.51	29.43	10.02
P_{XI}	20.89	7.72	1.62	33.93	1.09

由表6-19可得出，不同样地下土壤有效持水量和最大持水量无显著差异，P_{II}最高，为53.23t·hm⁻²，P_{XI}最低，为39.14t·hm⁻²；P_{II}最大持水量最高，为284.67t·hm⁻²，P_{XI}最低，为252.16t·hm⁻²。各样地的入渗速率随时间逐渐减慢，在20min左右达到稳定，各样地土壤的初渗速率无显著差异，平均稳渗速率在0.21～0.99mm·min⁻¹，引起土壤入渗速度的主要原因是土壤毛管孔隙度的差异（白晋华等，2009）。

表6-19　土壤的蓄水性和渗透特性
Tab. 6-19　Soil infiltration rate of all plots

样地	最大持水量 （t·hm⁻²）	有效持水量 （t·hm⁻²）	初渗速率 （mm·min⁻¹）	稳渗速率 （mm·min⁻¹）
P_I	268.40	44.84	10.12	0.45
P_{II}	284.67	53.23	13.56	0.63
P_{III}	274.78	48.45	13.78	0.67
P_{IV}	276.58	48.25	15.21	0.91
P_V	272.35	47.31	14.32	0.72
P_{VI}	268.40	44.84	9.88	0.32
P_{VII}	264.98	44.76	14.13	0.73
P_{VIII}	267.58	50.45	16.12	0.99
P_{IX}	266.50	45.73	15.00	0.68
P_X	247.96	40.62	8.73	0.21
P_{XI}	252.16	39.14	12.31	0.58

由图6-19可知，全N和水解性N变化一致，上层土壤P_I、P_V、P_{VIII}样地含量较高，且P_I样地高于其他样地，而中层和下层土壤各样地差异不显著。全P和有效P土壤各层均呈现差异性，总体上P_I、P_V、P_{VII}、P_{IX}、P_{XI}样地较高。全K土壤各层有均一化趋势，而中层土壤P_{IV}样地差异较大。速效K上层土壤P_I、P_{II}、P_{III}、P_{VII}和P_{VIII}样地与其他样地表现出较明显差异。有机质方面，中层和下层土壤差别不明显，上层土壤有机质含量P_I、P_{II}、P_V、P_{VI}、P_{VII}和P_{VIII}样地高于其他样地，土壤有机质积累主要与地上凋落物分解和地下细根周转有关（Morrison和Foster，2001）。有学者研究表明相较于天然林，所有人工林土壤各层pH值均表现下降趋势，尤其在樟子松或落叶松等人工针叶林自然培育下土壤呈酸化趋势，这可能由于针叶凋落物在缓慢的分解过程中产生较多的有机酸，致使土壤酸性增加（Boerner，1984；王庆成等，1994）。本研究各样地土壤pH值无显著性差异且未呈现酸化性质。

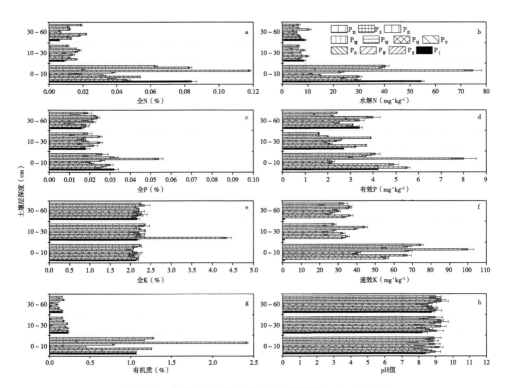

图6-19　各样地土壤pH值、有机质及N、P、K含量
Fig.6-19　pH and soil nutrient contents of all plots

不同密度樟子松人工林下土壤总孔隙度、毛管孔隙度和饱和持水量总体P_I和P_{III}样地较高，导致这一差异的主要原因与不同林地凋落物属性和林木根系生长与分布有关（王庆成等，1994）。一般来讲，针叶树种凋落物C/N值较高，分解速率相对较快，并且在分解过程中形成大量高质量腐殖质，使土壤结构疏松，所以较高密度的林地改善土壤功能效果明显（彭少麟和刘强，2002；李志安等，2004）。同时不能忽视的是根系的数量、穿插、细根的死亡产生大量根孔，对土壤结构也有一定的改善作用，如果林分密度过大也会影响根系的垂直和水平分布，所以选择合适的造林密度尤为必要（周本智等，2007）。本研究土壤总孔隙度、毛管孔隙度数值与前人的研究结果相一致（王庆成等，1994），说明树木根系活动和凋落物分解等作用明显改善了土壤结构。饱和持水量研究结果较高，说明林地土壤有较强的容水能力，表明人工林防治沙地退化效果良好（陈瑶等，2005）。全量养分方面，全N、P质量百分比含量、水解性N、有效P含量总体上各层土壤P_I和P_V样地较高且与其他样地呈现显著性差异，说明林分土壤养分再分配功能较强（刘增文等，2006），结合有机质方面，上层土壤有机质含量P_I、P_{II}、P_V、P_{VI}、P_{VII}、P_{VIII}样地含量高于其他样地，说明从植物组织养分库看，林木生长过程中，将更多的林地养分转移到林木生物量中。较大林分密度其凋落物量也大、分解速率快，使土壤中N、P等养分含量得以维持。与N、P不同，全K土壤各层无显著性差异，这主要与不同林分中凋落物性质和数量的不同有关（王庆成等，1994）。榆林地区年降水量较低，而森林土壤的持水能力较高，是涵养水源的主体，因此选取合理的造林密度对于当地土壤结构改良存在积极作用。并且选择合理的造林密度不仅能改善根系的垂直和水平分布而且能增加生物多样性。所以综合考虑土壤理化性质，P_I样地林地密度为较为合适的造林密度，从而更好地发挥其涵养水源的生态效益和经济效益。通过进一步对各样地的土壤化学性质进行频度分析可知（图6-20），上层土壤N、P、K含量、有机质及pH值频度分布较中层及下层均匀。且在上层土壤中，全N、水解N、全P和有效P频度分布较为均匀，而全K、速效K、有机质和pH值频度分布比较集中，并且中层及下层土壤频度分布与上层土壤呈现较为一致的特点。

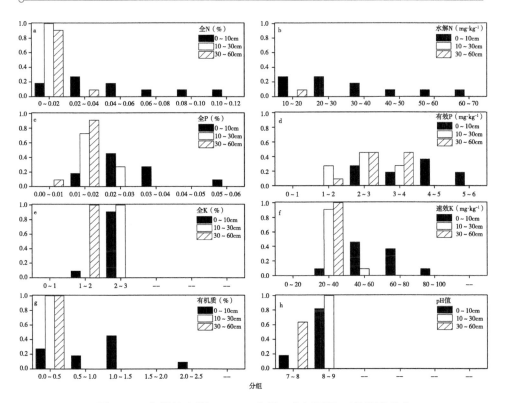

图6-20　各样地土壤N、P、K含量、有机质及pH值频度分布

Fig.6-20　The frequency analysis of soil nutrient contents，organic matters and pH values of all plots

　　探讨樟子松人工林下土壤理化性质与林分密度影响下的林分生长性状之间的关系，结果见表6-20，树高和胸径与上层土壤化学性质相关性较强，除与速效K呈显著负相关外，与全N、水解性N、全P、有效P、全K和有机质呈显著正相关，其中平均胸径与全P呈极显著正相关。说明表层土壤化学物质对林分生长呈积极作用，而其他林分特征与林下土壤各化学性质无明显的相关关系。

表6-20　不同密度樟子松人工林土壤理化性质与林分生长关系

Tab. 6-20　The Pearson analysis of soil nutrients and stand growth

性质	土壤深度（cm）	TN	HN	TP	AP	TK	AK	OC
	0~10	0.036	−0.114	−0.393	−0.102	0.133	−0.067	0.002
ρ	10~30	−0.463	0.069	−0.452	0.049	0.432	−0.257	−0.372
	30~60	0.016	−0.294	−0.528	−0.412	0.274	−0.358	0.064

（续表）

性质	土壤深度（cm）	TN	HN	TP	AP	TK	AK	OC
H	0～10	0.699*	0.714*	0.752*	0.631*	-0.606*	0.574	0.669*
	10～30	0.253	0.669*	0.083	0.308	-0.382	0.349	0.384
	30～60	0.176	0.536	0.257	0.259	0.051	0.082	0.227
DBH	0～10	0.520	0.641*	0.826**	0.636*	-0.485	0.574	0.628*
	10～30	0.463	0.516	0.116	0.298	-0.286	0.291	0.548
	30～60	0.133	0.678*	0.317	0.538	-0.143	0.300	0.195
H/DBH	0～10	0.044	-0.135	-0.431	-0.241	0.107	-0.171	-0.157
	10～30	-0.501	-0.058	-0.186	-0.159	0.020	-0.115	-0.483
	30～60	-0.013	-0.443	-0.253	-0.582	0.365	-0.410	-0.015
C	0～10	0.493	0.403	0.098	0.328	-0.093	0.569	0.538
	10～30	-0.166	0.262	-0.596	0.268	0.422	-0.039	-0.153
	30～60	-0.063	0.061	-0.236	-0.230	0.291	-0.078	0.367
W	0～10	0.132	0.178	0.375	0.312	-0.282	0.583	0.452
	10～30	0.271	0.433	-0.232	0.028	0.026	-0.089	0.431
	30～60	0.333	0.129	-0.082	0.097	0.153	0.060	0.022

注：密度为ρ，平均树高为H，平均胸径为DBH，高径比为H/DBH，郁闭度为C，东西南北冠幅为W；全N为TN，水解性N为HN，全P为TP，有效P为AP，全K为TK，速效K为AK，有机质为OC；*为95%显著关系，**为1%显著关系

森林土壤结构疏松，富含有机质，水稳性团聚体较多，对水分的贮藏和输入量有着非常显著的影响。林地对降水涵养调节功能体现为土壤水分入渗速度，其引起主要原因是各类型土壤毛管孔隙度和持水能力的差异。通过对不同密度人工林下的土壤物理性质分析可知，不同密度樟子松人工林下土壤总孔隙度、毛管孔隙度和饱和持水量总体P_VII和P_VIII样地较高，导致这一差异的原因与不同林地凋落物属性和林木根系生长与分布有关。一般地，针叶树种凋落物C/N值较高，分解速率相对较快，并且在分解过程中形成大量高质量腐殖质，使土壤结构疏松。同时不能忽视的是根系的数量、穿插、细根的死亡产生大量根孔，对土壤结构也有一定的改善作用，如果林分密度过大也会影响根系的垂直和水平分布，所以选择合适的造林密度尤为必要。本研究土壤总孔隙度、毛管孔隙度数值与前人的研究结果相一致，说明树木根系活

动和凋落物分解等作用明显改善了土壤结构。饱和持水量研究结果较高，说明林地土壤有较强的容水能力，人工林防治沙地退化效果良好。

全量养分方面从频度分布结果来看，各土壤化学性质多集中在分组偏左的位置，说明林下土壤各化学含量总体偏少，而Pearson相关分析表明绝大多数化学物质对林分生长如树高、胸径有较好的支撑作用，所以综合来看，林下土壤化学物质的匮乏会对樟子松后期生长支持产生不利影响，这点值得注意。

榆林地区土壤养分含量较为贫瘠，因此选取合理的造林密度能够改良林分生长性状，改善根系的垂直和水平分布，从而对当地土壤结构改良存在积极作用。同时影响樟子松生长的主要因子是土壤全N、速效P、有机质的含量及最大持水量，先期的防治措施和后期的营林维护也应从这几方面入手。在半干旱地区，学者对不同林龄的樟子松人工林林地的土壤理化性质做了研究，得到随着林龄的增加，土壤含水量降低，有机质及其N、P、K质量分数先增加后减小，同时，土壤肥力由高到低为中龄林、近熟林和幼龄林。结合本研究，可对樟子松在一定林龄下，对其密度进行调控，以维持最佳的土壤地力，这对防治因为土壤肥力降低而导致的樟子松衰退提供了科学依据和研究思路。

6.2.7 土壤粒度特征

沙漠化已经成为当今世界一个重大的环境和社会经济问题，它威胁着人类的生存与发展。在历史上，毛乌素沙地曾经是草滩辽阔、广泽清流的优良牧场，后来由于不合理的乱垦滥伐、过度放牧、战乱以及气候变化等原因，造成地面植被资源逐渐枯竭，草场退化，风沙逐渐侵蚀，水土流失加剧，生态系统恶化，并最终导致毛乌素沙地成为我国荒漠化严重发展的地区。1949年新中国成立后，毛乌素沙地生态环境的生存状况引起了社会各界人士的广泛关注，对其风沙区治理也由此展开。自20世纪50年代开始，通过引水拉沙、引洪淤地、兴建防风林带等一系列的综合治理措施，毛乌素沙地的荒漠化得到有效控制，600hm^{2}流沙地现已变为半固定或固定沙地。目前，毛乌素沙地以沙地樟子松为建群种的植物固沙模式效果较好，凭借其成活率和保存率高，生长迅速，抗逆性强，在固定流动沙地和改善生态环境方面的显著成效，广泛应用于毛乌素沙地的荒漠化治理。随着樟子松人工林对沙地的荒漠化治理的意义加深，学者们对樟子松林各种性质的探索也逐渐深入，包含樟子松林的引种适宜性问题和建群后对当地环境改良问题。而对土壤的基本属性——粒度特征的影响却关注较少。由于土壤粒度特征是承载土壤物理及化学性质的载体，因此探究不同初植密度樟子松人工林与土壤粒度特征之间的关系，可通过土壤粒度演化特征对樟子松前期造林，后期经营管护工作提供切实的指导意义。

由表6-21可知，研究区不同密度樟子松人工林林下各层土壤颗粒粒度组成均以沙粒为主，其次是粉粒，黏粒含量最低，平均体积分数不足4%。伴随着樟子松林密度的增大，林下各层土壤中沙粒含量逐渐减小，而黏粒、粉粒含量呈现增加的态势。土壤粒度的垂直分布可以看出，B层土壤的沙粒含量占比较高，而A层土壤的黏粒和粉粒占比较高，这与裸沙地土壤粒度组成分布规律也是相同的。林下土壤的粒度组成的区别主要源于风力侵蚀作用对于沙物质的搬运和堆积作用。研究区气候干燥，受频繁而强烈的侵蚀风影响，土壤的细粒物质易在风沙流作用下被搬运而离开原位，使土壤中沙粒物质含量升高。而樟子松人工林林下各层土壤细粒物质含量所占比例明显高于裸沙地，说明由于林木固土作用的存在，沙物质的搬运与堆积作用发生改变，土壤粒度朝细化方向发展，且这种效应随樟子松林密度的增大变得更加明显。

表6-21　樟子松人工林样地土壤粒度体积分数组成特征（%）

Tab. 6-21　Soil particles composition characteristics of Mongolian pine in different stand densities　（%）

样地	层次	黏粒	粉粒	极细沙	细沙	中沙	粗沙	极粗沙
P_I	A	2.127 7 ± 0.052	13.142 7 ± 0.029	6.093 7 ± 0.073	50.211 7 ± 0.523	28.428 7 ± 0.465	0	0
	B	0.882 7 ± 0.734	9.724 7 ± 0.717	3.327 7 ± 0.075	45.872 7 ± 0.925	37.644 7 ± 0.542	2.552 7 ± 1.409	0
P_{IV}	A	0.718 7 ± 0.843	14.893 7 ± 0.794	4.090 7 ± 0.085	48.377 7 ± 0.794	19.548 7 ± 0.451	11.086 7 ± 0.287	1.288 7 ± 0.020
P_{IV}	B	1.558 7 ± 0.136	8.411 7 ± 0.128	4.085 7 ± 0.067	51.117 7 ± 0.328	33.051 7 ± 0.530	1.778 7 ± 0.798	0
P_V	A	1.105 7 ± 1.142	19.469 7 ± 1.152	10.156 7 ± 0.039	31.099 7 ± 0.261	32.468 7 ± 1.352	5.704 7 ± 1.049	0
	B	2.286 7 ± 0.322	14.044 7 ± 0.329	5.757 7 ± 0.054	51.323 7 ± 0.754	25.926 7 ± 0.259	0.664 7 ± 0.448	0

（续表）

样地	层次	黏粒	粉粒	极细沙	细沙	中沙	粗沙	极粗沙
P_{VI}	A	1.105 7 ± 1.142	19.469 7 ± 1.152	10.156 7 ± 0.039	31.099 7 ± 0.261	32.468 7 ± 1.352	5.704 7 ± 1.049	0
	B	2.286 7 ± 0.322	14.044 7 ± 0.329	5.757 7 ± 0.054	51.323 7 ± 0.754	25.926 7 ± 0.259	0.664 7 ± 0.448	0
P_{VII}	A	1.160 7 ± 0.976	21.776 7 ± 0.987	13.782 7 ± 0.006	22.413 7 ± 0.342	29.167 7 ± 0.822	11.701 7 ± 0.475	0
	B	2.931 7 ± 0.870	15.127 7 ± 0.872	6.116 7 ± 0.018	39.591 7 ± 0.806	30.166 7 ± 0.011	6.070 7 ± 0.771	0
P_{IX}	A	1.256 7 ± 1.198	21.868 7 ± 1.448	13.626 7 ± 1.963	33.187 7 ± 2.194	27.242 7 ± 1.010	2.822 7 ± 0.991	0
	B	1.440 7 ± 0.806	18.325 7 ± 0.817	7.229 7 ± 0.015	33.184 7 ± 0.506	30.198 7 ± 0.192	9.623 7 ± 0.702	0
P_{X}	A	1.342 7 ± 1.321	24.910 7 ± 1.344	13.635 7 ± 0.039	34.711 7 ± 0.176	22.285 7 ± 0.563	3.116 7 ± 0.676	0
	B	2.643 7 ± 0.412	19.566 7 ± 0.406	7.246 7 ± 0.005	38.853 7 ± 0.076	25.835 7 ± 0.859	5.221 7 ± 0.778	0.636 7 ± 0.146
P_{XI}	A	3.325 7 ± 0.845	23.872 7 ± 0.783	20.367 ± 0.092	16.791 7 ± 0.333	24.606 7 ± 1.141	10.765 7 ± 0.704	0.281 7 ± 0.135
	B	3.536 7 ± 0.471	19.203 7 ± 0.387	21.238 7 ± 0.051	32.872 7 ± 0.140	18.015 7 ± 0.265	5.136 7 ± 0.372	0
CK	A	1.178 7 ± 0.765	11.317 7 ± 0.755	4.627 ± 0.035	34.046 7 ± 0.343	39.957 7 ± 0.702	8.882 7 ± 1.020	0
	B	2.324 7 ± 0.731	6.359 7 ± 0.744	3.008 7 ± 0.069	43.231 7 ± 0.756	40.194 7 ± 0.591	4.884 7 ± 1.283	0

　　由图6-21可知，研究区内不同密度樟子松林林下各层土壤的平均粒径均小于裸沙地且随林分密度的增大，A、B两层土壤的平均粒径均呈递增的趋势，这与表6-21所得结论一致。整体来看，各样地和裸沙地的平均粒径A层均大于B层。这表明随樟子松林的营建，土壤的细粒物质得以保存和恢复，土壤结构细化，樟子松对于土壤粒度的改良组成具有较为积极的促进作用。

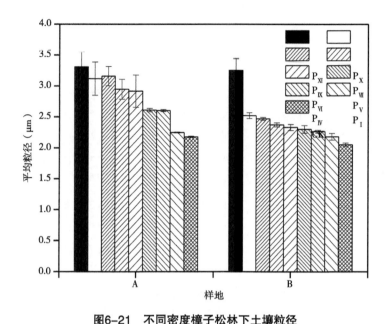

图6-21　不同密度樟子松林下土壤粒径

Fig.6-21　**Soil particle size of Mongolian scots pine plantations**

由图6-22可知，研究区不同密度樟子松林层土壤粒度分布较为集中，按照福克的分选等级标准，其分选状况介于中等和较差之间。在A层，除 P_V、P_I 样地土壤标准偏差值略小于裸沙地外，其他样地土壤标准偏差值均大于裸沙地；在B层，除 P_{VI}、P_{IV}、P_I 样地土壤标准偏差值略小于裸沙地外，其他样地土壤标准偏差值均大于裸沙地。整体来看，除 P_V 样地土壤A层标准偏差略小于B层，其他样地包括裸沙地在内土壤A层的标准偏差均大于B层。由此可见大多数樟子松林样地土壤粒度分选状况整体上不是很理想，而裸沙地土壤粒度分选状况要优于多数有林样地，也反映了土壤细化的过程中，在各种因素的影响下，土壤粒度变化的复杂性与差异性比较明显。

由图6-23可知，樟子松林和裸沙地的A层偏度差别非常大，其中 P_{XI} 样地和 P_X 近于对称，P_{IX} 样地属于正偏度，其余样地属于极正偏度，而B层偏度相对比较稳定，均属于正偏度，且有林样地均比裸沙地的偏度值小。整体来看，除 P_{XI}、P_X、P_{IX} 样地土壤A层偏度值小于B层，其他样地包括裸沙地在内A层的偏度值均大于B层。由此可知，土壤中细粒物质含量随樟子松林初植密度的增大而不断增加，土壤表层比土壤下层细粒物质增加的幅度也较多。

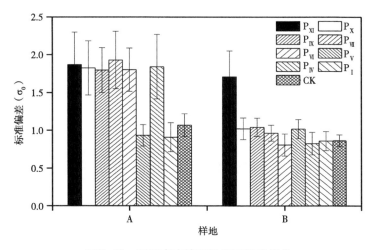

图6-22 不同密度樟子松林下标准偏差

Fig.6-22 **Standard deviation of Mongolian scots pine plantations**

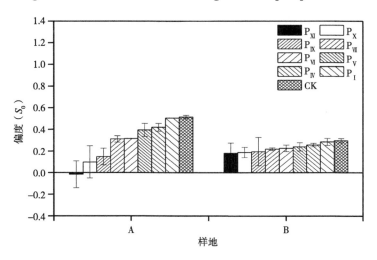

图6-23 不同密度樟子松林下土壤偏度

Fig.6-23 **Soil of skewness of Mongolian scots pine plantations**

　　由图6-24可知，按照土壤粒度分布峰度等级标准，A层P_{XI}、P_{VII}、P_{IV}样地为宽平，其余样地包括裸沙地均为中等，并且只有P_I样地峰态值略大于裸沙地，其他样地均略小于裸沙地；而B层P_X、P_{IX}、P_{VII}、P_V样地为中等，其余样地包括裸沙地在内均为尖窄，只有P_{IV}、P_I样地略大于或等于裸沙地，其他样地均略小于裸沙地。整体来看，只有P_{IX}样地的A层土壤峰态值比B层略大，其余样地包括裸沙地在内B层土壤峰态值均大于A层。由此可知土壤不存在明显的优势粒径级别，而B层土壤比A层土壤更趋于集中。

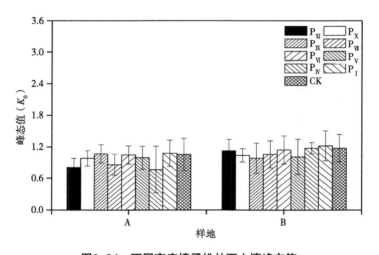

图6-24 不同密度樟子松林下土壤峰态值

Fig.6-24 Soil peakedness a of Mongolian scots pine plantations

研究区不同初植密度樟子松林A、B两层土壤粒度的分形维数见图6-25。A、B两层有林样地的分形维数均比裸沙地大，且两层分形维数随林分密度的增大呈现递增趋势，整体来看，各样地分形维数都是B层大于A层。由于分形维数与土壤中黏粒和粉粒含量呈显著的正相关关系，与沙粒含量呈负相关关系，因此，研究区樟子松林样地表层分形维数增加说明土壤正经历细化的过程，尤其在A层，黏粒和粉粒的比重不断增加，土壤结构不断得到改善。

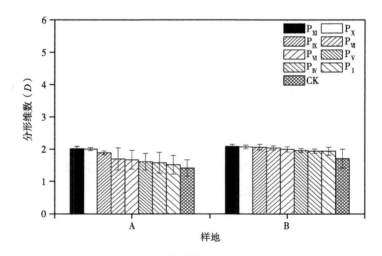

图6-25 不同密度樟子松林下分形维数

Fig.6-25 Soil fractal dimension of Mongolian scots pine plantations

平均粒径和偏度的变化是说明土壤粗细集中变化的过程，而标准偏差和峰态值的变化是表征土壤粗细粒物质分散程度变化的过程，两者是两个相反的概念。土壤中粗细物质占比与分形维数之间存在正向相关关系，所以分形维数的变化亦可以说明土壤粗细变化的过程。分形维数作为评价土壤演变程度的综合指标，它的变化是在外界环境的影响下，土壤各类物理、化学作用的综合反映，而平均粒径、偏度、标准偏差和峰态值只是土壤粒度参数的单一指标。沙漠地区的风蚀过程主要造成土壤表层细粒物质的损失。通过栽植樟子松林可增加地面粗糙程度，使流沙得以固定，细粒物质得以保存。同时，樟子松及其枯落物对降水的拦截也会对粉粒和黏粒具有一定保存作用，因而造成了随樟子松林林分密度的增大，平均粒径值增大，偏差值减小的趋势，并且土壤表层平均粒径值和偏差值变化的幅度大于土壤下层。土壤细粒物质越多，其内部的微小孔隙就会越多，土壤结构越复杂，樟子松的枯落物回归土壤形成腐殖质，樟子松根系对土壤物理结构的改良，都会导致土壤分形维数值的增大。黏粒、粉粒与沙粒的临界值是50μm，整体来看就是随着樟子松林林分密度的增大，粒径大于50μm的土壤颗粒减少，小于50μm的土壤颗粒增多的过程，至于按照从黏粒到极粗沙每级土壤颗粒占比的变化并不明显，因而通过计算可知，平均粒径、偏度和分形维数随林分密度的变化呈现一定规律，而标准偏差及峰态值变化规律却不甚明显。综上，分形维数可以反映土壤的综合特征，却没有涉及某一具体指标，对可能影响分形维数的土壤物理及化学性质的分析工作是下一步应该细化研究的方向。

6.3　林分结构与降水分配功能变量耦合

用因子分析对各样地的多指标数据进行降维的过程中，用MSA语句打印被所有其余变量控制的每对变量间的偏相关和抽样适当的Kaiser量度，MSA是偏相关相对普通相关有多大的概述，大于0.8的值认为是好的，小于0.5的值需要采取补救措施，或者删除一些违法的变量，或者引入与违法变量有联系的其他变量。主成分可以用来筛选变量，特征值接近0的主成分近似具有多重共线性，可将这样的主成分中权重较大的变量删除，删除该变量后再进行主成分分析效果要好。

6.3.1 林分结构变量因子分析

用前文总结的研究区各样地优势乔木树种旳平均树高、平均胸径、高径比、郁闭度、林龄、林分密度和生长率7个植物环境功能变量做因子分析，Kaiser量度为0.634，超过了一般的基本要求0.5，将该7个林分结构变量作为因子分析变量，整理后如表6-22所示。

表6-22　林分结构变量筛选（Kaiser=0.634）
Tab. 6-22　Stand structure variables selection（the value of Kaiser equals 0.634）

样地	树高（m）	胸径（cm）	高径比	郁闭度（%）	林龄（年）	林分密度（株·hm⁻²）	胸径生长率（%）
P$_I$	10.26	16.67	0.63	65	27	925	2.84
P$_{II}$	11.00	16.65	0.66	55	25	1 100	2.75
P$_{III}$	9.83	14.54	0.68	55	25	1 200	2.71
P$_{IV}$	12.06	19.04	0.63	75	27	1 250	1.73
P$_V$	10.16	15.17	0.69	70	28	1 300	2.58
P$_{VI}$	8.30	13.18	0.63	45	24	1 350	3.74
P$_{VII}$	10.62	14.51	0.73	50	24	1 475	2.67
P$_{VIII}$	10.28	16.1	0.64	65	25	1 800	2.92
P$_{IX}$	10.35	13.65	0.72	76	28	2 050	3.59
P$_X$	8.89	13.00	0.78	80	27	2 250	3.93
P$_{XI}$	9.79	11.29	0.92	90	27	2 700	3.37

主成分特征值、方差贡献率、因子旋转后林分结构变量因子解释的方差与因子中变量的载荷如表6-23所示。

表6-23　主成分特征值与方差贡献率
Tab. 6-23　Principal components and the variance contribution rate

主成分序	特征值	方差贡献率（%）	累积方差贡献率（%）
1	3.870	48.379	48.379
2	2.317	28.967	77.346
3	1.359	16.988	94.334
4	0.191	2.386	96.720
5	0.104	1.302	98.022

主成分序	特征值	方差贡献率（%）	累积方差贡献率（%）
6	0.080	0.997	99.019
7	0.057	0.716	99.735

如表6-24所示，旋转后因子1中林分密度正载荷极大，高径比、郁闭度正载荷较大，平均胸径负载荷极大，说明林分密度越大，高径比越高、郁闭度越大，胸径越小，对于人工林来说，反映人工林拟建经营时的结构状态，因此，概括为经营结构因子；旋转后因子2中平均树高、平均胸径的正载荷很大，为林木高生长状况结构因子；旋转后因子3中林龄和郁闭度的载荷很大，反映了林木自身的生长状况，因此旋转后因子3为反映自然化程度因子。

表6-24　因子旋转后的方差解释

Tab. 6-24　The explaination of rotated factor variance

因子意义、变异及变量	旋转后因子1	旋转后因子2	旋转后因子3
因子意义描述	经营因子	林木高生长状况因子	自然化培育因子
旋转后因子解释的方差	3.124	2.143	1.654
平均树高	0.035	0.972	0.057
平均胸径	−0.494	0.793	0.275
高径比	0.899	−0.263	−0.260
郁闭度	0.878	0.093	0.391
林龄	0.370	0.418	0.803
林分密度	0.921	−0.290	−0.137
生长率	0.226	−0.921	−0.045

综合各样地旋转后的标准化得分，对旋转后因子1、2和因子1、3做散点图，如图6-26所示，为各样地林分结构因子得分的二维排序。通过观察图6-26a中各样地值点的纵坐标——"林木高生长状况因子"可知，P_I、P_{III}和P_{IV}樟子松林样地的林木高生长状况较好，而P_{VIII}、P_X和P_{XI}样地的高生长状况较差。综合图中各样地值点的纵横坐标——"自然化培育因子"和"经营因子"，可以看出大部分林分样地值点分布于图左侧；说明人工林林内优势树种靠自然稀疏作用调节，其样点分布偏左（图6-26b）。

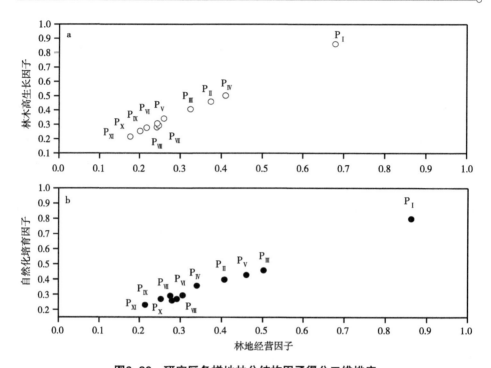

图6-26 研究区各样地林分结构因子得分二维排序

Fig.6-26 Ordination at two dimensions of scoring of stand structure factors of the sample plots in study area

6.3.2 林分降水分配功能变量因子分析

前文总结的各样地中未分解层含水率、径流率、含水率和土壤稳渗率4个降水分配功能变量做因子分析。Kaiser量度为0.501（表6-25）。

表6-25 降水分配功能变量筛选（Kaiser=0.501）

Tab. 6-25 Stand water allocation functional variables selection (the value of Kaiser equals 0.501)

样地	穿透率（%）	径流率（%）	未分解层含水率（%）	稳渗速率（mm·min⁻¹）
P_I	62.002	1.088	13.92	0.63
P_{IV}	65.748	2.387	33.55	0.45
P_{VII}	72.880	1.236	29.22	0.21
P_X	66.090	1.083	22.59	0.91
P_{XI}	61.073	1.076	32.23	0.72

主成分特征值与方差贡献率如表6-26所示，4个主成分的累积方差贡献率已接近100%，因此保留前4个主成分的因子载荷阵进行因子旋转。

表6-26 主成分特征值与方差贡献率
Tab. 6-26 Principal components and the variance contribution rate

主成分序	特征值	方差贡献率（%）	累积方差贡献率（%）
1	2.139	53.469	53.469
2	1.006	25.145	78.613
3	0.610	15.250	93.863
4	0.245	6.137	100.000

根据表6-27可知，因子旋转后的降水分配因子中，旋转后因子1中穿透率正载荷极大，土壤稳渗率负载荷极大，说明林地雨水经截留后落入土壤再分配的过程，反映人工林对降水后分配状态，因此概括为降水分配因子；旋转后因子2中枯落物未分解层含水率和径流率的正载荷很大，土壤稳渗率负载荷极大，说明林地枯落物水分获取过程，概括为林木枯落物蓄水功能因子。

表6-27 因子旋转后的方差解释
Tab. 6-27 The explaination of rotated factor variance

因子意义、变异及变量	旋转后因子1	旋转后因子2
因子意义描述	降水分配因子	枯落物蓄水功能因子
旋转后因子解释的方差	3.124	2.143
穿透率	0.928	0.084
径流率	0.106	0.875
未分解层含水率	0.202	0.801
土壤稳渗率	-0.865	-0.262

用标准化的各样地旋转后因子1得分与旋转后因子2得分联合做散点图（图6-27）。从"降水分配因子"看，P_I和P_{VII}林地降水截留能力较强。从"枯落物蓄水功能因子"看，P_{VII}样地枯落物蓄水能力功能较强。而P_{XI}样地在两者水文功能方面均较弱。

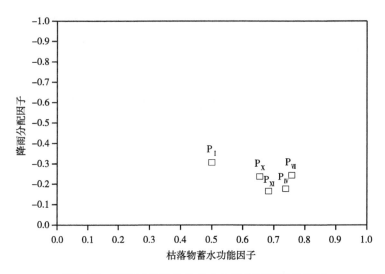

图6-27　研究区各样地林分水文功能因子得分排序

Fig.6-27　Order of stand water allocation functional factors of sample plots in study area

6.3.3　林分结构与降水分配功能变量的典型相关分析

典型相关分析模型的构建系列方法系多元统计分析方法，是水文数据处理的常用手段之一。本研究根据前面因子分析所确定的各样地3个结构因子、2个降水分配功能因子的标准化因子得分，进行林分结构变量与林地降水分配功能变量的典型相关分析（表6-28）。

表6-28　林分结构与降水分配功能变量的综合因子得分

Tab. 6-28　Comprehensive factors score of stand structure variables and stand water allocation functional factors

样地	经营因子	树高因子	自然化培育因子	降水分配因子	枯落物蓄水功能因子
P_I	0.798	0.679	0.798	0.683	-0.165
P_{IV}	0.457	0.410	0.457	0.655	-0.238
P_{VII}	0.357	0.261	0.357	0.758	-0.244
P_X	0.259	0.243	0.259	0.738	-0.177
P_{XI}	0.230	0.177	0.230	0.500 1	-0.306

典型相关分析结果可知（图6-28），相关性显著（$R^2=0.764$）。样地P_I各项因子得分最高，样地P_{XI}各项因子得分最低，说明P_I样地在林分结构

及降水分配功能上，效果均较好，从而筛选为最优林分密度。

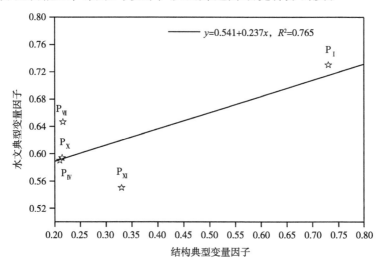

图6-28　各样地典型结构的结构变量与降水功能（水文典型）变量的相关性

Fig.6-28　Correlations of functions of canonical structure and stand water allocation from the sample plots in study area

6.4　修正Gash模型

6.4.1　冠层参数的提取结果

6.4.1.1　树干径流系数P_t的提取

2013年对研究区28场降水数据统计，各样地标准木的单木树干径流系数列于表6-29。总结得出，各样地平均树干径流系数为0.011 9，标准差为0.021 8。

表6-29　被测样地树干径流系数值

Tab. 6-29　Trunk stem flow coefficients in sample plots

各集水槽编号	平均径流系数P_t	标准差
P_I#D1	0.008 60	0.007 48
P_I#D2	0.009 55	0.007 78
P_I#D3	0.010 6	0.008 19
P_I#D4	0.011 5	0.008 43
P_{IV}#D1	0.021 8	0.050 6

（续表）

各集水槽编号	平均径流系数P_t	标准差
P_{IV}#D2	0.018 0	0.039 5
P_{IV}#D3	0.016 2	0.035 4
P_{IV}#D4	0.024 2	0.054 8
P_{VII}#D1	0.010 4	0.007 82
P_{VII}#D2	0.010 8	0.008 38
P_{VII}#D3	0.011 8	0.009 17
P_{VII}#D4	0.013 0	0.010 2
P_X#D1	0.011 8	0.008 63
P_X#D2	0.010 2	0.007 51
P_X#D3	0.013 7	0.010 0
P_X#D4	0.011 8	0.008 66
P_{XI}#D1	0.097 2	0.007 24
P_{XI}#D2	0.010 9	0.008 08
P_{XI}#D3	0.008 82	0.006 75
P_{XI}#D4	0.009 75	0.007 30

利用修正Gash模型，对各被测样地基本降水截流数据进行重要参数计算提取。然后应用Gash模型对P_{VII}模型样地，对其进行降水截流数据拟合，观测各项拟合效果。

6.4.1.2　林冠持水能力S的提取

本研究基于两种方法提取林冠持水能力，一是按未考虑蒸发的林冠持水能力S的方法，即穿透雨量=0时的降水量（按式$S=-a/b$）；另一种按Leyton等方法求算林冠持水能力。在按Leyton等方法进行操作时，存在对关键数据点选取具有明显主观性的不足（Gash等，1995），计算得到的林冠持水能力较大，为13.587，计算值不理想。因此在Leyton等方法的基础上，设计一定的方法减弱主观性——为"Leyton—最上方5点约束方法"（藏荫桐，2012），方法如下。

（1）最小二乘法回归得到的穿透雨量与降水量的直线公式，见式（6-5）：

$$T_f = 1.158P + 3.210 \qquad (6-5)$$

（2）用"$1-P_t$"即0.986替换直线斜率后的穿透雨量与降水量的"回归直线"如式（6-6）：

$$T_f = 0.986P - 4.528 \qquad (6-6)$$

（3）用0.762替换直线斜率后的穿透雨量与降水量的"回归直线"如式（6-7）：

$$T_f = 0.762P - 1.319 \qquad (6-7)$$

（4）将通过点到直线距离公式求得的5个"最远上方散点"的横、纵坐标的均值代入式6-7，得到的穿过5个最远上方散点且斜率为"$1-P_t$"直线的斜率=-0.741，并得到式（6-8）：

$$T_f = 0.620P - 0.741 \qquad (6-8)$$

用Leyton—最上方5点约束方法，对模型P_{VIII}样地林冠持水能力S值进行分析过程中的散点与直线见图6-29。所以模型P_{VIII}样地林冠持水能力（Leyton——最上方5点约束方法）为0.741。

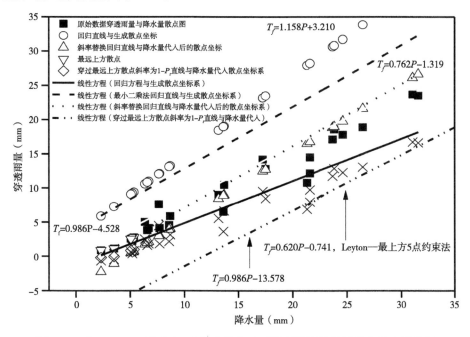

图6-29 用Leyton—最上方5点约束的方法对模型样地的林冠持水能力的分析

Fig.6-29 Analysis to canopy storage capacity of model sample plot by method of Leyton-constraint with top 5 points

6.4.1.3 树干持水能力 S_t 的提取

总结各被测样地的平均树干持水能力参数 S_t，为 0.125，标准差 0.053 7mm（表6-30）。

表6-30 被测样地树干持水能力

Tab. 6-30 **Trunk storage capacity in sample plots**

各集水槽编号	树干持水能力参数 S_t
P_I#D1	0.132
P_I#D2	0.134
P_I#D3	0.132
P_I#D4	0.133
P_{IV}#D1	0.016 1
P_{IV}#D2	0.001 90
P_{IV}#D3	0.006 90
P_{IV}#D4	0.012 8
P_{VII}#D1	0.121
P_{VII}#D2	0.132
P_{VII}#D3	0.148
P_{VII}#D4	0.165
P_X#D1	0.154
P_X#D2	0.126
P_X#D3	0.165
P_X#D4	0.144
P_{XI}#D1	0.127
P_{XI}#D2	0.126
P_{XI}#D3	0.118
P_{XI}#D4	0.121

综上所述，对冠层的提取结果为，P_{VII} 模型样地不考虑蒸发树冠持水能

力下限、平均、上限值分别为0.845mm、1.449mm、2.600mm，标准差为0.623mm。

用Leyton—最上方5点约束方法得到的树冠持水能力为0.741mm；平均树干持水能力为0.124 6mm，标准差为0.053 7mm；平均树干径流系数为0.011 9，标准差为0.021 8。

郁闭度值取鱼眼相机拍摄并经过二值化处理后，得到的样地郁闭度平均值为0.66，标准差为0.021 0。

6.4.1.4 环境变量提取结果

据榆林植物保护基地内的沙尘暴监测塔气象记录，对2013年28次有效降水场内的气象因子进行了统计。

相应计算风速冠层上方2m高度（树高$h+2$）、零平面位移高度（$h \times 0.75$）与粗糙长度（$h \times 0.1$）。并根据GPS定位样地距气象站的海拔差，均为30.00m。

降水日各气象变量值如表6-31所示。

表6-31　2013年降水日各气象变量值
Tab. 6-31　Meteorologic variables obtained during rainfall period in the year of 2013

日期	平均气压（bPa）	气温（℃）	相对湿度（%）	降水量（mm）	平均降水强度（mm·h⁻¹）	平均风速（m·s⁻¹）	平均太阳辐射通量（W·m⁻²）	平均树高（m）	海拔差（m）
6-10	891.60	16.66	74.56	6.71	2.80	0.65	83.20	10.14	30.00
6-12	884.60	15.00	79.65	3.40	3.09	0.70	53.30	10.14	30.00
6-15	889.60	17.00	72.31	5.34	2.23	0.66	96.52	10.14	30.00
6-16	885.30	15.00	78.65	4.50	3.00	0.70	62.32	10.14	30.00
6-19	893.60	16.80	73.21	7.60	2.45	0.63	98.62	10.14	30.00
6-22	881.20	14.00	84.32	20.40	6.38	0.23	50.63	10.14	30.00
6-26, 27	885.70	15.40	79.56	23.68	3.38	0.46	63.23	10.14	30.00
6-30, 7-1	881.40	14.65	83.26	26.45	6.30	0.36	100.32	10.14	30.00
7-8	891.30	17.56	73.21	21.58	2.77	0.56	92.32	10.14	30.00
7-9, 10	878.90	13.23	86.32	17.24	12.31	0.63	42.32	10.14	30.00
7-16	879.40	15.32	82.13	31.06	9.71	0.32	46.32	10.14	30.00

（续表）

日期	平均气压（bPa）	气温（℃）	相对湿度（%）	降水量（mm）	平均降水强度（mm·h⁻¹）	平均风速（m·s⁻¹）	平均太阳辐射通量（W·m⁻²）	平均树高（m）	海拔差（m）
7–17	878.20	14.23	86.42	5.08	12.70	0.60	40.32	10.14	30.00
7–25	880.60	16.85	80.23	13.16	4.11	0.32	75.32	10.14	30.00
7–26	878.60	14.32	82.64	23.82	9.53	0.26	45.32	10.14	30.00
7–31	896.30	18.92	70.32	6.37	1.18	0.09	110.33	10.14	30.00
8–2	879.60	16.52	81.32	7.11	5.08	0.63	85.62	10.14	30.00
8–3	879.60	13.24	86.23	17.11	7.13	0.24	63.42	10.14	30.00
8–6	875.10	6.52	90.23	8.69	14.48	0.69	38.63	10.14	30.00
8–8	881.60	16.49	87.56	24.61	5.72	0.32	84.32	10.14	30.00
8–13	876.50	9.18	93.56	21.58	10.28	0.23	41.03	10.14	30.00
8–17	884.50	22.32	79.85	17.50	3.89	0.21	58.69	10.14	30.00
8–22	874.20	11.23	95.63	31.58	24.30	0.14	24.36	10.14	30.00
8–25	879.60	16.89	83.15	13.69	9.12	0.32	42.17	10.14	30.00
9–1	878.20	13.56	90.36	5.60	14.00	0.51	31.32	10.14	30.00
9–4	896.50	18.96	70.14	7.63	1.70	0.08	101.32	10.14	30.00
9–10	882.30	16.45	81.78	8.80	8.00	0.42	53.23	10.14	30.00
9–13	887.90	14.65	78.96	12.40	3.54	0.32	62.01	10.14	30.00
9–15	891.60	16.66	74.56	6.71	2.80	0.65	83.20	10.14	30.00

6.4.2 模拟有效降水截留量、树干径流量与穿透雨量

应用Gash修正模型对P$_{Ⅶ}$模型样地进行降水拟合，对比不考虑蒸发树冠持水能力，经过反复调试，发现S取上限值（2.600mm）和均值（1.449mm）时，得到的样地各冠层截留参数的拟合效果较好，如图6–30、图6–31和图6–32所示。

S取上限值和均值时，得到的样地林冠截留量，如图6–30所示。

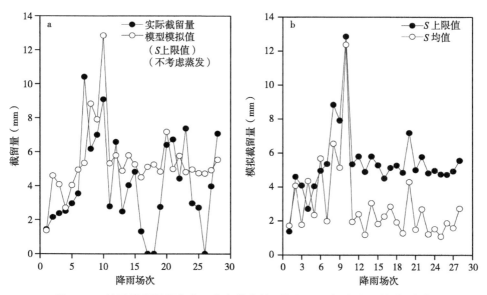

图6-30　林冠截留量拟合［不考虑蒸发的S值取上限（a）和均值（b）］

Fig.6-30　Simulation of canopy interception［when S were given the upper limit value（a）and average value without evaporation-considering（b）］

S取上限值和均值时，得到的样地树干径流量，如图6-31所示。

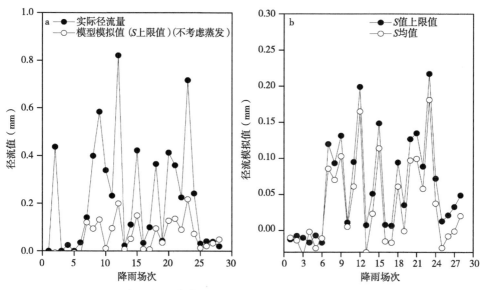

图6-31　树干径流量拟合［不考虑蒸发的S值取上限（a）和均值（b）］

Fig.6-31　Simulation of stem flow［when S were given the upper limit value（a）and average value without evaporation-considering（b）］

S取上限值和均值时，得到的样地穿透雨量，如图6-32所示。

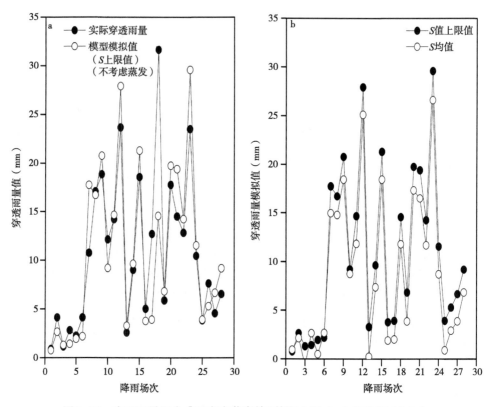

图6-32　穿透雨量拟合［不考虑蒸发的S值取上限（a）和均值（b）］

Fig.6-32　Simulation of throughfall［when S were given the upper limit value（a）and average value without evaporation-considering（b）］

图6-33为冠层参数取不考虑蒸发（S取上限值）和用Leyton—最上方5点约束方法得到的S值的林冠截留量拟合效果比较。

S取上限值和Leyton—最上方5点约束方法得到的S值时，得到的样地树干径流量，如图6-34所示。

S取上限值和Leyton—最上方5点约束方法得到的S值时，得到的样地树干穿透雨量，如图6-35所示。

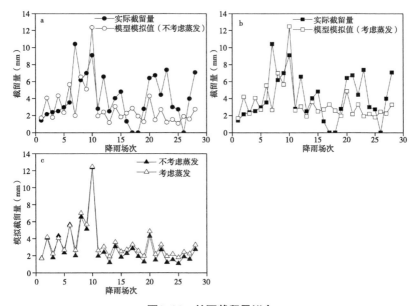

图6-33 林冠截留量拟合

[不考虑蒸发的S值取上限（a）和Leyton—最上方5点约束方法（b）]

Fig.6-33 Simulation of canopy interception [when S were given the upper limit value without evaporation-considering（a）and Leyton-constraint with top 5 points（b）]

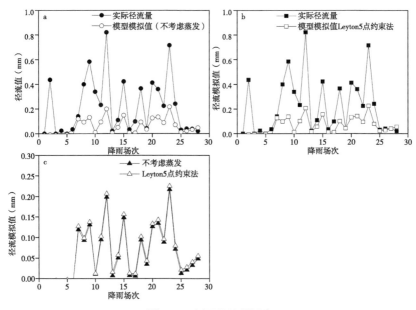

图6-34 树干径流量拟合

[不考虑蒸发的S值取上限（a）和Leyton—最上方5点约束方法（b）]

Fig.6-34 Simulation of stem flow [when S were given the upper limit value without evaporation considering（a）and Leyton-constraint with top 5 points（b）]

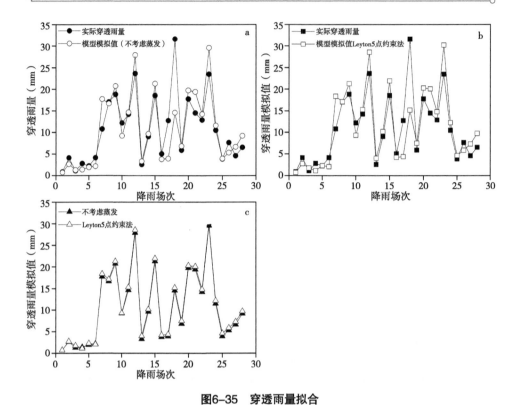

图6-35　穿透雨量拟合

［不考虑蒸发的*S*值取上限（a）和Leyton—最上方5点约束方法（b）］

Fig.6-35　Simulation of throughfall［when *S* were given the upper limit value without evaporation-considering（a）and Leyton-constraint with top 5 points（b）］

从上图可知，用Leyton—最上方5点约束方法得到的*S*值时，拟合效果较好。

6.4.3　主要参数变化对截留散失量变化影响的敏感度分析

由于降水量取值对修正Gash模型影响较大，因此，以2013年降水的平均降水量值14.24mm为分析用降水量，依样地林冠持水能力、树干持水能力、郁闭度、树干径流系数、林冠蒸发速率和降水强度6个主要参数变化，对截留散失量/变化的影响分别做敏感度分析（图6-36）。

各参数除林冠持水能力*S*及*S*上限值作为参数0变化值外，树干持水能力、郁闭度、树干径流系数、林冠蒸发速率和降水强度参数以各自均值作为0变化参数值的±50%。

结果如图6-36所示，截留散失量/变化的影响受林冠持水能力影响较大，降水强度影响次之。受树干径流系数影响最小。各主要参数的变化范围在-20%～20%内消长，变化幅度不是很大。分析结果符合实际降水现象，说明林冠层（如林冠层持水能力）及降水本身（如降水强度）特性在降水分配过程中起到了重要作用，而树干径流所占比例较小，因此起到的作用不大。

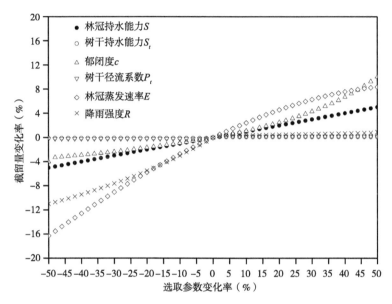

图6-36　主要参数对截留量变化的敏感度分析（P=14.24mm）

Fig.6-36　Sensitivity analysis of main parameters response to canopy interception changes（P=14.24mm）

考虑到降水强度影响，选取历年降水季里常见的降水量值［参考1961—2015年降水数据（由陕西省治沙研究所提供数据）］，以2mm、5mm、9mm、21mm和30mm为基准，分别做主要参数的敏感度分析（图6-37）。

树冠持水能力对截留散失量/变化的影响为，随着降水强度的增加，呈先增大后减小趋势。说明降水强度的增大，树体开始持水，直至达到充分饱和，影响作用逐渐减小（图6-37a）。

树干持水能力方面，对截留散失量/变化的影响与树干持水能力具有相同特点，呈先增大后减小的趋势（图6-37b）。

郁闭度方面，当降水量逐渐加大时，郁闭度起到的作用减小（图6-37c）。而本研究中计算得出的郁闭度对截留散失量/变化的影响在各雨强作用下不明显。说明在模型样地中只考虑了单一林木林冠郁闭度的取值，在模型适应性方面还略显不足，在这点上仍需要进一步研究，并加强修正Gash模型的应用性。

树干径流系数对截留散失量/变化的影响方面，与上述研究结论相同的是，树干径流系数对截留散失量/变化的影响较为平稳，作用依然不强（图6-37d）。

树冠持水能力与树冠蒸发速率对截留散失量/变化的影响方面，其变化趋势较为一致，体现了树冠水分变化一致性特点。由图6-37e、图6-37f可以看出，树冠蒸发速率和降水强度对截留散失量/变化的影响较大，并且在降水强度为21mm下，树冠蒸发速率和降水强度对截留散失量/变化的影响的变化范围达到了最大，其变化范围分别在-150% ~ 150%和-30% ~ 80%。研究结论与图6-36的研究结果相同。

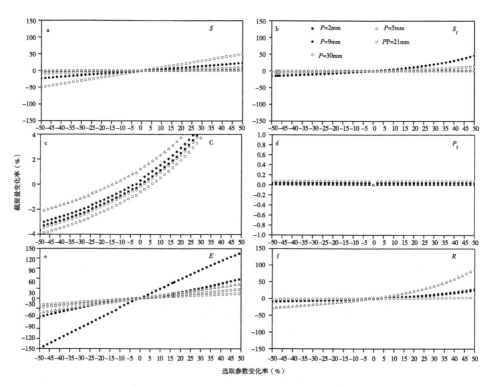

图6-37　主要参数对截留量变化的敏感度分析
（ P=2mm、5mm、9mm、21mm、30mm ）

Fig.6-37　**Sensitivity analysis of main parameters response to canopy interception changes**
（ P=2mm、5mm、9mm、21mm、30mm ）

7 讨论与结论

7.1 讨论

在降水量稀少的北方典型沙化地区，降水资源容量远无法满足林分生长需求（Gleeson等，2015；Fichtner等，2018；Watson等，2018）。干旱缺水在威胁着林木正常生长、发育的同时，也在促进其逐渐适应当地恶劣的环境（刘利民等，2008；李俊辉等，2012；胡彦婷等，2015；陈志成等，2018）。在人工林经营过程中，林分密度调控一直是人工林经营的主要内容，密度是否合理，直接影响到人工林生产力的提高和功能的发挥，也是林区木材来源与经济发展的重要保证（Tang和Li，2018）。在榆林沙地营建并发展典型农田防护林树种樟子松，对榆林市的绿化造林工作，水源涵养、生态环境改变和促进沙漠化的逆转起到重要作用。本研究立足于榆林市珍稀沙生植物保护基地，以探求樟子松人工林水源涵养功能，及其在毛乌素沙地最适造林密度为目的，分析了樟子松的树干液流特性，并通过典型相关分析方法揭示人工林林分结构与降水分配因子功能相关关系，依次进行排序，筛选出合理的沙地樟子松造林密度。研究结果可对我国北方典型沙化地区的生态环境恢复重建过程中人工植被的密度配置及科学灌溉制度提供依据，是本研究的创新点。

以榆林市珍稀沙生植物保护基地为例，分析了历年降水的时间变化趋势，对比前人的研究结果，如屈振江等对陕西省历年降水量分析得出，20世纪80年代前年际降水数据变化较为稳定，90年代后异常偏大或偏小出现的频度上升，且年际降水量波动较大（屈振江等，2010），与本研究年际变化中的结论一致。何艳芬和张嘭等对陕西省北部的长期降水趋势变化分析得出，陕北未来降水趋势是以每年约5.0mm速度不断减少（何艳芬和张嘭，2011），与本研究年代倾向率变化结论一致。同时，本研究表明榆林沙区降水量短时期震荡明显，各时间序列的降水量独立性较强，说明在特定的降水周期变化内对植物种加强保护，防止其枯死及衰退是尤为必要的。近年来学者们对陕西省的降水时空特征进行了研究，但是基于大尺度分析，而地区间小尺度的气候差异性可能更大，也更具代表性，并为当地水资源高效利用和植物保护等提供科学依据，具有实际意义（冯彩琴和董婕，2011）。

樟子松液流研究结果，认为不同方位光照强度的差异是造成液流速率差异的主要原因；孟秦倩等（2013）研究了不同方位苹果（*Malus pumila*）液流速率，孙守家等（2006）研究了银杏（*Ginkgo biloba*）不同方位液流速率，以上研究结果与本研究相同，均显示南侧液流速率大于北侧。造成南北两侧液流速率差异的原因是多方面的，水分在树干中运输的方向是纵向的，不同方位树冠大小不同，叶面积指数不同，影响蒸腾耗水的气象条件如光照、温度等也不同，南侧太阳辐射强度较大，北侧主要接受的是散射辐射，强度要小得多，而太阳辐射强度是影响液流速率的重要因素且与液流速率呈正相关，所以通常南侧液流速率要大于北侧液流速率。吴丽萍等（2003）研究了樟子松蒸腾速率的时空变异性，认为樟子松蒸腾速率在晴天为双峰型动态，在太阳辐射强烈、气温较高的中午出现午休现象，在阴雨天为多峰型变化动态，主要受当时的太阳辐射和水汽压亏缺影响；吴春荣等（2003）研究了西北沙区樟子松的蒸腾日变化规律，得出与吴丽萍相似的结论；孙慧珍和赵雨森（2008）研究了不同天气条件下樟子松液流速率的变化，结果显示晴天液流速率显著大于雨天和阴天，液流速率变化曲线均为单峰型。总的来说，液流速率日变化曲线分单峰型、双峰型和多峰型，双峰型出现在太阳辐射强烈、温度较高时期，多峰型出现在气象因子变化较大的多云和阴天。关于樟子松液流量季节变化的研究较多，普遍认为7月或8月液流量最大，但对于5—7月这段时间内是否会出现液流量的减小研究结果不一致，樊文慧研究了宁夏盐池樟子松的蒸腾耗水规律，结果显示6月日液流量出现下降，原因是樟子松在6月处于新梢生长迅速阶段（樊文慧，2012）；而吴丽萍等（2003）研究了内蒙古乌兰察布盟中旗樟子松蒸腾速率的时空变异性，结果显示液流量在5—7月一直增加；在本研究中日液流量在5—6月逐渐减小，日液流量受樟子松自身生长期和外界环境因子影响，樟子松高生长旺盛期在5月下旬至6月下旬，胸径生长旺盛期在6月上旬至7月上旬，授粉期在6月中旬至下旬，因此，可以推断6月樟子松处于生长的特殊时期，日液流量下降是高生长、胸径生长和授粉共同作用的结果，但樟子松自身的生长和繁殖如何对液流产生影响尚不明确，需要进一步的研究。国内关于樟子松日液流量与环境因子关系的研究目前较少，如牛丽等（2008）研究了科尔沁沙地樟子松人工林的蒸腾特征，认为影响日液流量的主要因子为日均太阳有效辐射强度与日均水汽压亏缺，这些研究结果与本研究有一定差别，日太阳总辐射量、日均太阳有效辐射和日照时长都是描述太阳辐射的指标，日平均相对湿度和日均水汽压亏缺都是描述空气中水汽含量的指标，因此可以认为影响日液流量的主要因子为太阳辐射和空气中的水汽含量，而空气相对湿度通过影响叶片气孔内腔与大气的水汽压梯度来影响液流速率，所以可以认定大气相对湿度指标的作用会更大；太阳总辐射强度对液流速率的影响是多方面的，除了直接影响气孔的开闭、叶片生理活动以外，还对风速、气温等其他气象因子产生直接影响，进而间接影响液流速率。

林分结构研究结果，梁文俊等（2010）对不同密度落叶松（*Larix gmelinii*）人工林内林木个体生长影响的研究指出，林分密度与平均胸径呈显著负相关关系，而树木的高径比随密度增加而上升，但相关性不显著，本研究与其研究结论一致，说明人工林林分密度对林木胸径的影响较为显著，可以通过胸径来指征并预测林木生长变化规律。对单木空间关系的林分空间研究，可在微观程度上更好地了解林分空间结构。如林分角尺度研究表明各样地林木分布为均匀分布，体现了人工林成行列排列的特点。大小比数研究表明以树高、冠幅和分枝角大小比数反映林木的大小分化程度最为准确和可靠，从实际操作上也更为可行。在林分经营时，对林分空间结构应以树种的特性、竞争状态和其演替阶段为依据进行及时调整，樟子松属于阳生树种，又处在演替中期，树木个体需要更多水、热、光照和生长空间条件，在本研究中树高和冠幅变量上均有所体现，同时，对林分空间结构进行调整，应以各树种的特性、竞争状态和所处的演替阶段为依据，应尽量保留大小比数比最近相邻木高，如取值为1或0.75的个体，以此提高林分的稳定性，增强防护林的防护作用。另外从试验结果可以看出，林分密度对林木的大小比数具有一定的影响，虽然过密集或过稀疏的林分结构大小比数占有更多的亚优势级或优势级，但是林木分布所占据的核心区域林木数量较少，或分布较中间林分密度的均匀程度较低，说明如果从生态的稳定性和经济效益角度综合考虑，樟子松人工林应该人为干预，调整林分密度，其中间伐作为调整林分密度的主要手段，应遵循密度效应的规律，保留合理密度，促进林分生长，提高林分的稳定性，增强防护作用，使樟子松人工林资源持续开发利用。

林冠降水截留方面，本研究结果与其他学者研究结果一致，穿透雨、树干径流和林冠截留分别占林外降水量的62.82%、1.13%和36.05%（Andrew和Jessie，2008；Muzylo等，2009；Liang等，2011；Liang，2014；Sadeghi等，2014）。

森林枯落物层的分解作用可有效改善土壤团粒结构，提高土壤孔隙度和入渗率（宋庆丰等，2009）。榆林沙区降水特征呈雨量小，雨强弱未能使枯落物层达到水分饱和吸收，却可以使其有效涵蓄水体（枯落物层的有效拦蓄量较高，且吸水过程在前5h内较高，与研究区的降水特征相契合）。森林土壤的持水能力远大于枯落物层，本研究中，土壤的非毛管孔隙度占比较高（30%左右），结合两者研究结果，说明枯落物层分解速度快，增强土壤的持水性能，做到水文效应互补，起到沙地退化恢复，从而发挥其涵养水源的生态效益作用。

森林土壤结构疏松，水稳性团聚体较多，是涵养水源的主体（巍强等，2008）。林地对降水分配和调节功能又体现为土壤水分入渗速度，引起主要原因是各类型土壤毛管孔隙度和持水能力的差异（白晋华等，2009），导致这一差异的主要原因与林地凋落物属性与分布有关。一般针叶树种凋落物分解速率相对较快，并形成大量高质量腐殖质（在较高密度的林分下更加明显），使土壤结构疏松（彭少麟和刘强，2002；李志安等，2004），但是过高的林分密度会影响林分结构，因此选择合适的造林密度尤为必要（周本智等，2007）。本研究中土壤总孔隙度和非毛管孔隙度数值与前人的研究结果相一致，说明枯落物层分解等作用明显改善了土壤结构，人工林栽植后控制土壤退化效果良好（陈瑶等，2005）。

土壤全量养分方面，各样地N、P、K含量产生差异的原因与不同林分密度下凋落物性质和数量有关（刘增文等，2006）。全N、P质量百分比含量和水解性N各层土壤样地P_I较高，而P_V林下土壤养分未显著小于其他样地，原因在于中等的林分密度其林下凋落物量也未见减小，结合有机质方面，上层土壤有机质含量高于下层土壤，说明林内小气候作用明显，枯落物分解速率加快，土壤中N、P等养分含量得以维续。但是从频度分布结果看，土壤全量养分多集中在分组偏左处，说明林下土壤全量养分的持续缺乏会对樟子松生长产生不利影响。王新宇和王庆成学者对不同林龄的樟子松人工林林地土壤理化性质做了研究，得出随林龄的增长，土壤含水量逐渐降低，有机质及N、P、K质量分数先增加后减小（王新宇和王庆成，

2008）。结合本研究结果，可对不同林龄阶段下的樟子松林进行密度调控，以维持最佳的土壤肥力和林分生长状况。另外，学者研究表明人工林相较于天然林在自然培育下，土壤各层pH值均呈下降趋势，尤其在人工针叶林下，土壤酸化趋势显著，这与其凋落物在分解过程中产生有机酸有直接关系，但在本研究中各样地林下土壤未呈现酸化趋势。

　　林下土壤的粒度组成区别源于风蚀对于土壤物质的搬运和堆积作用。研究区气候干燥，受风蚀影响强烈，土壤细粒物质易被吹蚀，导致沙粒物质含量升高。通过栽植樟子松人工林可增加地表粗糙度，固定流沙。同时，林下枯落物对降水拦截作用也对细粒物质（粉粒和黏粒）具有一定保存作用。平均粒径和偏度的变化与标准偏差和峰态值的变化指征相反状态，前者说明土壤粗细集中变化的过程，而后者表征土壤粗细粒物质分散程度变化的过程（高广磊等，2014b）。而分形维数作为评价土壤演变程度的综合指标，优于土壤粒度参数的单一指标，如平均粒径、偏度、标准偏差和峰态值（高广磊等，2014b）。在本研究中，平均粒径、偏度和分形维数随林分密度的变化呈现一定规律，而标准偏差及峰态值变化规律却不明显。从分形维数值来看，有林样地的分形维数值均较高，说明樟子松的枯落物回归土壤形成腐殖质，进而对土壤物理结构进行改良（高广磊等，2014b）。

　　典型相关分析模型的构建系列方法自20世纪70年代起在地质学中大量应用，并在计算机摩尔定律的促进下，水文学领域中多元统计分析也得到迅速发展（Liang等，2011）。本研究使用因子分析方法，将不同密度的樟子松样地的林分结构变量综合为"经营因子""树高生长状况因子"和"近自然化培育因子"3个林分结构因子，将各样地的林分降水分配功能变量综合为"林冠降水截留因子"和"枯落物层蓄水功能因子"2个功能因子，得到综合因子的标准化得分，得出林分结构因子为P_I（925株·hm^{-2}）最高，在该密度下其林分结构、功能、降水分配和水分需求方面达到最佳状态。结合樟子松液流研究结果，该地区的樟子松林分密度控制在925～1 424株·hm^{-2}为最佳。

　　同时，本研究仅限于榆林市珍稀沙生植物保护基地，后期应扩大研究尺度。另外，基于现实情况，本研究所选样地有限，所选择样地面积仅为30m×30m，为初始造林面积，无法设置更多的重复，但是本研究对所选样地内林木进行了充分调查和每木检尺，尽可能消除试验误差，以求数据科学合理，同时，未来也应将不同林龄、立地条件下的人工林考虑进来，这也是今后应该开展的方向。

7.2 结论

（1）榆林沙区（榆林市珍稀沙生植物保护基地）年内降水量比较集中，主要发生在夏季，但是变异性较大，而其余各月变化较为平缓和一致。在各年降水量中，前期经历了多次有规律的周期性变化，但是各要素间的独立性较强，且突变程度和频度增加，导致周期性变化幅度也随之增加，加之榆林沙区降水趋势变化属于下降型，并且未来发生趋势也如此，这意味着该地区进入枯水期后，很难再回升至丰水期，人类在这一地区的活动加强直接影响到了环境气象变化，如持续上升的温度效应，以及湿度和蒸发量，深刻影响了降水量变化，并恶化了当地环境和加剧植物死亡的风险。

（2）最大木、平均木、最小木3棵樟子松南北两侧液流速率相关性显著，均为线性相关关系；并随着胸径的减小，平均液流速率的差异也在减小，采用最小显著性差异法（LSD）对其差异性进行分析，结果显示，最大木、平均木南北两侧液流速率差异显著，最小木南北两侧液流速率差异不显著。

（3）雨天和阴天液流速率相对于晴天较小，液流启动时间较晚，停止时间较早；由于雨天和阴天气象因子变化没有规律，晴天更能体现各个月份的液流速率变化规律。5月晴天平均液流速率为3.99cm·h^{-1}，7月和9月分别为4.57cm·h^{-1}和2.90cm·h^{-1}，7月液流速率最大，9月最小，液流启动时间5月至7月均在早上7：00，9月在8：00，液流启动时间通常比太阳辐射滞后约0.5h，9月太阳升起最晚，所以液流启动也最晚。

（4）本研究以10d为一个单位，在整个研究期内计算每10d的日液流量的平均值，研究平均日液流量的季节变化。最大木在整个研究期内日平均液流量为22.2L·d^{-1}，总液流量为3 781.1L，平均木日均液流量为11.8L·d^{-1}，总液流量为2 004.8L，最小木日均液流量为5.4L·d^{-1}，总液流量为914.5L。3棵樟子松日均液流量变化动态相似，从5月上旬到6月下旬逐渐减小，最小值出现在6月下旬，分别为8.9L·d^{-1}、5.3L·d^{-1}和1.7L·d^{-1}，7月上旬日均液流量迅速上升，以后日均液流量变化趋势较平缓，在7月上旬至8月下旬日均液流量维持在较高的水平，峰值出现在8月上旬，这时气温较高、太阳辐射强烈、雨水充足、蒸腾强烈，峰值分别为29.9L·d^{-1}、15.7L·d^{-1}、7.6L·d^{-1}，

8月下旬之后日均液流量逐渐下降，到10月上旬日均液流量略低于平均值，说明在本研究期（生长季）过后，液流仍未停止。

（5）本研究采用多元线性回归的方法，将时为步长的液流速率与太阳总辐射强度、大气温度、相对湿度、风速、土壤体积含水量进行逐步回归，结果显示太阳总辐射强度与相对湿度是影响液流速率的最主要因子，相对湿度与液流速率呈负相关，太阳总辐射强度与液流速率呈正相关。

（6）本研究采用多元线性回归的方法，将日太阳总辐射量、日平均大气温度、日平均大气相对湿度、日平均风速、日平均土壤体积含水量与日液流量进行相关分析。5月各气象因子与土壤体积含水率日均值等环境因子与日液流量的相关性较弱，回归模型的拟合效果一般，说明5月环境因子对日液流量的影响较小，其日液流量主要受其自身生长周期的影响，7月环境与日液流量的相关性较强，回归模型的拟合效果较好，影响日液流量的主要因子为日太阳总辐射量和日平均相对湿度。

（7）以树干液流耗水量为基础，推算樟子松的最小水分营养面积和水分环境容量。樟子松的水分环境容量，未考虑到实际土壤蒸发量，以80%保证率的历年降水量（309.4mm）下，分别为757株·hm^{-2}、1 424株·hm^{-2}和3 113株·hm^{-2}。综合考量，以80%保证率的历年降水量（309.4mm）为基础数据，计算所得的樟子松水分环境容量为该地区最适宜林分密度，以平均木为标准为1 424株·hm^{-2}，其水分适应程度最高。

（8）樟子松人工林林分结构在未受干预的情况下，发生着规律性的变化和趋势发展，且林分密度对林木胸径的影响较为显著，因此可以通过胸径来说明并预测林分密度或林木生长变化规律；林分角尺度研究表明，样地林木分布为均匀分布，体现了人工林初期至中后期都是成行列排列的特点；大小比数研究表明以树高、冠幅和分枝角的大小比数反映林木的大小分化程度最为可靠，在林分经营时，应尽量保留大小比数比最近相邻木高，促进林分生长，提高林分的稳定性，增强防护作用。

（9）研究区试验期内降水特征为短历时，强降水，且作为森林水文效应的第一活动层，穿透雨为林下降水的主要输入方式，其变化特征影响降水从林冠到土壤的转移、林地养分循环，具有突出的生态水文意义。林冠截持降水方面，通过逐步回归分析与二次响应曲面拟合方法，得到榆林市珍稀沙生植物保护基地樟子松人工林穿透率、树干径流率与林分结构、雨量级指标的最佳关系算法。

（10）樟子松人工林林下枯落物性质受林分密度影响较大，且枯落物层有较强的容水能力和短时期吸水能力。

（11）樟子松人工林各样地土壤毛管孔隙度和持水能力存在差异，导致这一差异的主要原因与不同林地凋落物属性与分布有关。从土壤养分和土壤粒度分析看，研究区内不同密度樟子松林林下土壤粒度集中分布在沙粒上，其体积分数在75%～90%，而其次是粉粒、黏粒。由于毛乌素地区土壤风化、侵蚀、搬运、沉积等作用，土壤中的细粒物质损失严重，研究区的粒度特征整体呈现粒径较粗、分选较差、偏态正和峰态中至窄的特点，土壤分形维数分布于1.422～2.084。从平均粒径、分形维数和偏度可以看出，樟子松林林下各层土壤平均粒径和分形维数均大于裸沙地，且随着林分密度的增加，均呈现递增趋势，而樟子松林林下各层土壤偏度均小于裸沙地，且随着林分密度的增加，呈现递减趋势，说明随着林分密度的增大，土壤细粒物质所占比重不断增加，土壤结构不断优化，说明樟子松人工林对土壤具有改良作用。从土壤粒度的垂直分布来看，土壤上层的变化趋势要比土壤下层更加明显，说明接近表层的土壤在樟子松人工林及各种外界影响综合作用下呈现更加良好的发展趋势。标准偏差和峰态值没有明显的规律，即在外界影响的综合作用下，随林分密度的增大，土壤颗粒的粗细分配变化不稳定，说明林分密度因素不足以致使土壤颗粒的粗细分配朝良好趋势发展。总体上，较高的林分密度对土壤改良明显；而土壤物理性状及林内小气候方面，较小的林分密度作用较大。

（12）使用因子分析方法，将榆林市珍稀沙生植物保护基地不同密度的樟子松样地的林分结构变量综合为"经营因子""林木高生长状况因子"与"自然化因子"3个林分结构因子，将各样地的林分降水分配功能变量综合为"枯落物层蓄水功能因子""降水分配因子"2个功能因子，得到各样地综合因子的标准化得分。得出林分结构因子为P_I（925株·hm^{-2}）样地最高，P_{XI}（2 700株·hm^{-2}）样地最低；林分降水分配功能因子为P_I（925株·hm^{-2}）样地最高，P_{XI}（2 700株·hm^{-2}）样地最低。

（13）根据2013年28场有效降水观测，对研究区樟子松林分P_{VII}（1 475株·hm^{-2}）模型样地各个降水计算参数进行总结，得到P_{VII}模型样地不考虑蒸发冠层持水能力下限、平均、上限值分别为0.845mm、1.449mm、2.600mm，标准差为0.623mm。用Leyton—最上方5点约束方法得到的冠层持水能力为0.741mm；平均树干持水能力为0.124 6mm，标准差为0.053 7mm；平均树干径流系数为0.011 9，标准差为0.021 8。将Leyton—最上方5点约束方法得到的树干持水能力代入至修正Gash模型中，对模型样地有效降水的截留散失量、树干径流量与穿透雨量进行模拟，并对模型参数对截留量影响的敏感度进行分析，其拟合效果较好，适用性较强。

（14）总体上，毛乌素沙地樟子松人工林林下枯落物截蓄水分功能较好，人工林对土壤理化性质改良作用明显，土壤蓄水能力增强，蒸发量降低。加之林冠截留作用效应显著，可将大部分雨水留在林分内，反映出樟子松人工林的水源涵养功能优良。结合樟子松液流和林分与降雨功能耦合的研究结果，得出该地区的樟子松林分密度控制在925～1 424株·hm^{-2}较为适宜，在该密度下其水分需求、林分结构、降水分配功能方面达到最佳状态。

参考文献

白爱娟，刘晓东. 2005. 从气候标准的改变分析西北地区的气候变化[J]. 干旱区研究，22
　（4）：458-464.

白晋华，胡振华，郭晋平. 2009. 华北山地次生林典型森林类型枯落物及土壤水文效应研
　究[J]. 水土保持学报，23（2）：84-89.

贾越，周一杨，李彧，等. 2007. 枯落物分解与土壤蓄水能力关系的研究[J]. 安徽农业科学，
　35（5）：1 416-1 418.

藏荫桐. 2012. 冀北典型森林降雨分配功能与林分结构耦合[D]. 北京：北京林业大学.

曹文强，韩海荣，马钦彦，等. 2004. 山西太岳山辽东栎夏季树干液流通量研究[J]. 林业科
　学，40（2）：174-177.

曹云，欧阳志云，黄志刚，等. 2007. 中亚热带红壤区油桐（Vernicia fordii）林冠水文效应
　特征[J]. 生态学报，27（5）：1 740-1 747.

曾泽群，雷泽勇，魏晓婷. 2017. 基于水分变化的沙地樟子松人工林土壤分层特征[J]. 干旱区
　资源与环境，31（12）：161-165.

陈彪，陈立欣，刘清泉，等. 2015. 半干旱地区城市环境下樟子松蒸腾特征及其对环境因子
　的响应[J]. 生态学报，35（15）：5 076-5 084.

陈东来，秦淑英. 1994. 山杨天然林林分结构的研究[J]. 河北农业大学学报，17（1）：36-43.

陈瑶，张科利，罗利芳，等. 2005. 黄土坡耕地弃耕后土壤入渗变化规律及影响因素[J]. 泥沙
　研究（5）：45-50.

陈志成，陆海波，刘世荣，等. 2018. 锐齿栎水力结构和生长对降雨减少的响应[J]. 生态学
　报，38（7）：2 405-2 413.

程金花，张洪江，余新晓，等. 2002. 贡嘎山冷杉纯林地被物及土壤持水特性[J]. 北京林业大
　学学报，24（3）：45-49.

邓继峰，丁国栋，李景浩，等. 2017. 基于3种不同土壤粒径分级制度的毛乌素沙地樟子松林
　地土壤体积分形维数差异研究[J]. 西北林学院学报，32（3）：35-40.

邓继峰，丁国栋，赵媛媛，等. 2014. 盐池地区三种典型树种蒸腾速率的研究[J]. 干旱区资源
　与环境，28（7）：161-165.

樊后保，李燕燕，黄玉梓，等. 2006. 马尾松纯林改造成针阔混交林后土壤化学性质的变
　化[J]. 水土保持学报，20（4）：77-81.

樊文慧. 2012. 毛乌素沙地三种典型林地造林树种蒸腾耗水特性研究[D]. 北京：北京林业大学.

冯彩琴，董婕. 2011. 陕南地区近47年来气温、降水变化特征分析[J]. 干旱区资源与环境，25（8）：122-126.

高广磊，丁国栋，赵媛媛，等. 2014a. 四种粒径分级制度对土壤体积分形维数测定的影响[J]. 应用基础与工程科学学报，22（6）：1 060-1 068.

高广磊，丁国栋，赵媛媛，等. 2014b. 生物结皮发育对毛乌素沙地土壤粒度特征的影响[J]. 农业机械学报，45（1）：115-120.

高岩，张汝民，刘静. 2001. 应用热脉冲技术对小美旱杨树干液流的研究[J]. 西北植物学报，21（4）：644-649.

高宇，曹明明，邱海军，等. 2015. 榆林市生态安全预警研究[J]. 干旱区资源与环境，29（9）：57-62.

耿玉清，王保平. 2000. 森林地表枯枝落叶层涵养水源作用的研究[J]. 北京林业大学学报，22（5）：49-52.

龚容，高琼. 2015. 叶片结构的水力学特性对植物生理功能影响的研究进展[J]. 植物生态学报，39（3）：300-308.

龚直文，亢新刚，顾丽，等. 2009. 天然林林分结构研究方法综述[J]. 浙江林学院学报，26（3）：434-443.

巩合德，王开运，杨万勤，等. 2004. 川西亚高山白桦林穿透雨和茎流特征观测研究[J]. 生态学杂志，23（4）：17-20.

郭明春，于澎涛，王彦辉，等. 2005. 林冠截持降雨模型的初步研究[J]. 应用生态学报，16（9）：1 633-1 637.

郭忠升，邵明安. 2003. 雨水资源、土壤水资源与土壤水分植被承载力[J]. 自然资源学报，18（5）：522-528.

何斌，黄承标，秦武明，等. 2009. 不同植被恢复类型对土壤性质和水源涵养功能的影响[J]. 水土保持学报，23（2）：71-74，94.

何常清，薛建辉，吴永波，等. 2010. 应用修正的Gash解析模型对岷江上游亚高山川滇高山栎林林冠截留的模拟[J]. 生态学报，30（5）：1 125-1 132.

何艳芬，张晓. 2011. 陕西省1980—2006年气候变化时空特征研究[J]. 干旱区资源与环境，25（11）：59-63.

侯瑞萍，张克斌，郝智如. 2015. 造林密度对樟子松人工林枯落物和土壤持水能力的影响[J]. 生态环境学报，24（4）：624-630.

胡彦婷，赵平，牛俊峰，等. 2015. 三种植被恢复树种的冠层气孔导度特征及其对环境因子的敏感性[J]. 应用生态学报，26（9）：2 623-2 631.

惠刚盈. 1999. 角尺度——一个描述林木个体分布格局的结构参数[J]. 林业科学，35（1）：37-42.

惠刚盈，Gadow K. V.，胡艳波，等. 2004. 林木分布格局类型的角尺度均值分析方法[J]. 生态学报，24（6）：1 225-1 229.

惠刚盈，Gadow K. V.，Albert M. 1999. 一个新的林分空间结构参数——大小比数[J]. 林业科学研究，12（1）：1-6.

惠刚盈，胡艳波. 2001. 混交林树种空间隔离程度表达方式的研究[J]. 林业科学研究，14

（1）：23-27.

剪文灏，李淑春，陈波，等. 2011. 冀北山区三种典型森林类型枯落物水文效应研究[J]. 水土保持研究，18（5）：144-147.

姜海燕，赵雨森，信小娟，等. 2008. 大兴安岭几种典型林分林冠层降水分配研究[J]. 水土保持学报，22（6）：197-201.

金鹰，王传宽. 2015. 植物叶片水力与经济性状权衡关系的研究进展[J]. 植物生态学报，39（10）：1 021-1 032.

巨关升，刘奉觉，郑世锴，等. 2000. 稳态气孔计与其他3种方法蒸腾测值的比较研究[J]. 林业科学研究，13（4）：360-365.

李广德，贾黎明，富丰珍，等. 2010. 三倍体毛白杨不同方位树干边材液流特性研究[J]. 西北植物学报，30（6）：1 209-1 218.

李海军，张新平，张毓涛，等. 2011. 基于月水量平衡的天山中部天然云杉林森林生态系统蓄水功能研究[J]. 水土保持学报，25（4）：227-232.

李海涛，陈灵芝. 1998. 应用热脉冲技术对棘皮桦和五角枫树干液流的研究[J]. 北京林业大学学报，20（1）：1-6.

李俊辉，李秧秧，赵丽敏，等. 2012. 立地条件和树龄对刺槐和小叶杨叶水力性状及抗旱性的影响[J]. 应用生态学报，23（9）：2 397-2 403.

李志安，邹碧，丁永祯，等. 2004. 森林凋落物分解重要影响因子及其研究进展[J]. 生态学杂志，23（6）：77-83.

梁文俊，丁国栋，韦立伟，等. 2010. 落叶松人工林密度对林木生长的影响[J]. 水土保持通报，30（4）：78-86.

廖利平，陈楚莹，张家武，等. 1995. 杉木、火力楠纯林及混交林细根周转的研究[J]. 应用生态学报，6（1）：7-10.

林波，刘庆，吴彦，等. 2002. 川西亚高山人工针叶林枯枝落叶及苔藓层的持水性能[J]. 应用与环境生物学报，8（3）：234-238.

刘奉觉，郑世锴，巨关升，等. 1997. 树木蒸腾耗水测算技术的比较研究[J]. 林业科学，33（2）：22-31.

刘利民，齐华，罗新兰，等. 2008. 植物气孔气态失水与SPAC系统液态供水的相互调节作用研究进展[J]. 应用生态学报，19（9）：2 067-2 073.

刘强，容祥振，吴兴军. 2003. 樟子松人工林对降雨的再分配规律[J]. 东北林业大学学报，31（3）：11-13.

刘文娜，贾剑波，余新晓，等. 2017. 华北山区侧柏冠层气孔导度特征及其对环境因子的响应[J]. 应用生态学报，28（10）：3 217-3 226.

刘亚，阿拉木萨，曹静. 2016. 科尔沁沙地樟子松林降雨再分配特征[J]. 生态学杂志，35（8）：2 046-2 055.

刘彦，余新晓，岳永杰，等. 2009. 北京密云水库集水区刺槐人工林空间结构分析[J]. 北京林业大学学报，31（5）：25-28.

刘增文，王乃江，李雅素，等. 2006. 森林生态系统稳定性的养分原理[J]. 西北农林科技大学学报，34（12）：129-134.

卢志朋，魏亚伟，李志远，等. 2017. 辽西北沙地樟子松树干液流的变化特征及其影响因素[J]. 生态学杂志，36（11）：3 182-3 189.

鲁小珍. 2001. 马尾松、栓皮栎生长盛期树干液流的研究[J]. 安徽农业大学学报，28（4）：401-404.

罗丹丹，王传宽，金鹰. 2017. 植物水分调节对策：等水与非等水行为[J]. 植物生态学报，41（9）：1 020-1 032.

吕锡芝，范敏锐，余新晓，等. 2010. 北京百花山核桃楸华北落叶松混交林空间结构特征[J]. 水土保持研究，17（3）：212-216.

马履一，王华田. 2002. 油松边材液流时空变化及其影响因子研究[J]. 北京林业大学学报，24（3）：23-27.

马履一，王华田，林平. 2003. 北京地区几个造林树种耗水性比较研究[J]. 北京林业大学学报，25（2）：1-7.

马长明，管伟，叶兵，等. 2005. 利用热扩散式边材液流探针（TDP）对山杨树干液流的研究[J]. 河北农业大学学报，28（1）：39-43.

孟秦倩，王健，张青峰，等. 2013. 黄土山地苹果树树体不同方位液流速率分析[J]. 生态学报，33（11）：3 555-3 561.

孟宪宇. 1995. 测树学[M]. 第2版. 北京：中国林业出版社.

孟祥楠，赵雨森，郑磊，等. 2012. 嫩江沙地不同年龄樟子松人工林种群结构与林下物种多样性动态[J]. 应用生态学报，23（9）：2 332-2 338.

倪广艳，赵平，朱丽薇，等. 2015. 荷木整树蒸腾对干湿季土壤水分的水力响应[J]. 生态学报，35（3）：652-662.

牛丽，岳广阳，赵哈林，等. 2008. 利用液流法估算樟子松和小叶锦鸡儿人工林蒸腾耗水[J]. 北京林业大学学报，30（6）：2-8.

彭少麟，刘强. 2002. 森林凋落物动态及其对全球变暖的响应[J]. 生态学报，22（9）：1 534-1 544.

屈振江，鲁渊平，雷向杰. 2010. 陕西近45a各季气温和降水异常时空特征分析[J]. 干旱区资源与环境，24（7）：110-114.

时忠杰，王彦辉，徐丽宏，等. 2009. 六盘山主要森林类型枯落物的水文功能[J]. 北京林业大学学报，31（1）：91-99.

时忠杰，王彦辉，于澎涛，等. 2005. 宁夏六盘山林区几种主要森林植被生态水文功能研究[J]. 水土保持学报，19（3）：134-138.

宋立宁，朱教君，郑晓. 2017. 基于沙地樟子松人工林衰退机制的营林方案[J]. 生态学杂志，36（11）：3 249-3 256.

宋庆丰，杨新兵，张金柱，等. 2009. 雾灵山典型林分枯落物和土壤水文效应[J]. 生态环境学报，18（6）：2 316-2 320.

苏薇，岳永杰，余新晓. 2008. 北京山区油松天然林的空间结构分析[J]. 灌溉排水学报，28（1）：113-117.

孙慧珍. 2002. 东北东部山区主要树种树干液流动态及与环境因子关系[D]. 哈尔滨：东北林业大学.

孙慧珍, 赵雨森. 2008. 水曲柳和樟子松树干液流对不同天气的响应[J]. 东北林业大学学报, 36（1）：1-3.

孙慧珍, 周晓峰, 康绍忠. 2004. 应用热技术研究树干液流进展[J]. 应用生态学报, 15（6）：1 074-1 078.

孙守家, 古润泽, 丛日晨, 等. 2006. 银杏树干茎流变化及其对抑制蒸腾措施的响应[J]. 林业科学, 42（5）：22-28.

田超, 杨新兵, 李军, 等. 2011. 冀北山地不同海拔蒙古栎林枯落物和土壤水文效应[J]. 水土保持学报, 25（4）：221-226.

田晶会. 2005. 黄土半干旱区水土保持林主要树种耗水特性研究[D]. 北京：北京林业大学.

汪思龙, 廖利平, 邓仕坚, 等. 2000. 杉楠混交与人工杉木林自养机制的恢复[J]. 应用生态学报, 11（1）：33-36.

王华田. 2003. 林木耗水性研究述评[J]. 世界林业研究, 16（2）：23-27.

王华田, 马履一, 孙鹏森. 2002. 油松、侧柏深秋边材木质部液流变化规律的研究[J]. 林业科学, 38（5）：31-37.

王辉, 贺康宁, 徐特, 等. 2015. 柴达木地区沙棘冠层导度特征及模拟[J]. 北京林业大学学报, 37（8）：1-7.

王继和, 满多清, 刘虎俊. 1999. 樟子松在甘肃干旱区的适应性及发展潜力研究[J]. 中国沙漠, 19（4）：390-394.

王礼. 1994. 全球荒漠化防治现状及发展趋势[J]. 世界林业研究, 7（1）：10-17.

王鸣远, 关三和, 王义. 2002. 毛乌素沙地过渡地带土壤水分特征及其植物利用[J]. 干旱区资源与环境, 16（2）：37-44.

王庆成, 王春丽, 张国珍. 1994. 落叶松纯林与水曲柳落叶松混交林土壤理化性质分析[J]. 东北林业大学学报, 22（6）：24-29.

王新宇, 王庆成. 2008. 水曲柳落叶松人工林近自然化培育对林地土壤理化性质的影响[J]. 林业科学, 44（12）：21-27.

王兴鹏, 张维江, 马轶, 等. 2005. 盐池沙地柠条的蒸腾速率与叶水势关系的初步研究[J]. 农业科学研究, 26（2）：43-47.

王佑民. 2000. 我国林冠降水再分配研究综述（I）[J]. 西北林学院学报, 15（3）：1-7.

魏强, 张秋良, 代海燕, 等. 2008. 大青山不同林地类型土壤特性及其水源涵养功能[J]. 水土保持学报, 22（2）：111-115.

魏天兴, 朱金兆, 张学培. 1999. 林分蒸散耗水量测定方法述评[J]. 北京林业大学学报, 21（3）：85-91.

吴楚, 王政权, 范志强. 2004. 树木根系衰老研究的意义和现状[J]. 应用生态学报, 15（7）：1 276-1 280.

吴春荣, 刘世增, 金红喜, 等. 2003. 樟子松在西北干旱沙区的蒸腾日变化[J]. 西北林学院学报, 18（3）：16-18.

吴丽萍, 王学东, 尉全恩, 等. 2003. 樟子松树干液流的时空变异性研究[J]. 水土保持研究, 10（4）：66-68.

吴祥云, 姜凤岐, 李晓丹, 等. 2004a. 樟子松人工固沙林衰退的规律和原因[J]. 应用生态学报，15（12）：2 225-2 228.

吴祥云，姜凤岐，李晓丹，等. 2004b. 樟子松人工固沙林衰退的主要特征[J]. 应用生态学报，15（12）：2 221-2 224.

奚如春，马履一，王瑞辉，等. 2006. 林木耗水调控机理研究进展[J]. 生态学杂志，25（6）：692-697.

肖莞生，陈子燊. 2010. 广东沿海降水长期变化特征与极值分析——以汕尾、广州、阳江3市为例[J]. 热带地理，30（2）：135-140.

肖以华，陈步峰，陈嘉杰，等. 2005. 马占相思树干液流的研究[J]. 林业科学研究，18（3）：331-335.

徐先英，孙保平，丁国栋，等. 2008. 干旱荒漠区典型固沙灌木液流动态变化及其对环境因子的响应[J]. 生态学报，28（3）：895-905.

许冬梅，王堃，龙澍普. 2008. 毛乌素沙地南缘生态过渡带植被和土壤的特性[J]. 水土保持通报，28（5）：39-43，47.

许新桥. 2006. 近自然林业理论概述[J]. 世界林业研究，19（1）：10-13.

闫文德，张学龙，王金叶，等. 1997. 祁连山森林枯落物水文作用的研究[J]. 西北林学院学报，12（2）：7-14.

严昌荣，Alec Downey，韩兴国，等. 1999. 北京山区落叶阔叶林中核桃楸在生长中期的树干液流研究[J]. 生态学报，19（6）：793-797.

杨文斌，杨明，任建民. 1992. 樟子松等人工林土壤水分收支状况及其合理密度的初步研究[J]. 干旱区资源与环境，6（4）：47-54.

杨文利. 2007. 不同林分枯落物层持水特性研究[J]. 南昌工程学院学报，26（6）：70-73.

余新晓，于志民. 2001. 水源保护林培育、经营、管理、评价[M]. 北京：中国林业出版社.

余新晓，张志强. 2004. 森林生态水文[M]. 北京：中国林业出版社.

虞沐奎，姜志林，鲁小珍，等. 2003. 火炬松树干液流的研究[J]. 南京林业大学学报（自然科学版），27（3）：7-10.

岳永杰，余新晓，李钢铁，等. 2009. 北京松山自然保护区蒙古栎林的空间结构特征[J]. 应用生态学报，20（8）：1 811-1 816.

张洪江，程金花，余新晓，等. 2002. 贡嘎山冷杉纯林地被物及土壤持水特性[J]. 北京林业大学学报，24（3）：45-49.

张佳音，丁国栋，余新晓，等. 2010. 北京山区人工侧柏林的径级结构与空间分布格局[J]. 浙江林学院学，27（1）：30-35.

张金池，黄夏银，鲁小珍. 2004. 徐淮平原农田防护林带杨树树干液流研究[J]. 中国水土保持科学，2（4）：21-25，36.

张金池，康立新，卢义山，等. 1994. 苏北海堤林带树木根系固土功能研究[J]. 水土保持学报，8（2）：43-47，55.

张劲松，孟平，尹昌军，等. 2001a. 果粮复合系统中单株苹果蒸腾需水量的计算[J]. 林业科学研究，14（4）：383-387.

张劲松，孟平，尹昌君. 2001b. 植物蒸散耗水量计算方法综述[J]. 世界林业研究，14（2）：23-28.

张卫强，贺康宁，周毅，等. 2004. 黄土半干旱区刺槐林地土壤蒸发特性研究[J]. 水土保持研究，14（6）：367-375.

张小由，龚家栋，周茅先，等. 2004. 胡杨树干液流的时空变异性研究[J]. 中国沙漠，24（4）：489-492.

张振明，余新晓，牛健植，等. 2005. 不同林分枯落物层的水文生态功能[J]. 水土保持学报，19（3）：139-143.

赵平. 2011. 整树水力导度协同冠层气孔导度调节森林蒸腾[J]. 生态学报，31（4）：1 164-1 173.

赵淑清，方精云，朴世龙，等. 2004. 大兴安岭呼中地区白卡鲁山植物群落结构及其多样性研究[J]. 生物多样性，12（1）：182-189.

赵雨森，焦振家，王文章. 1991. 樟子松蒸腾强度的研究[J]. 东北林业大学学报，19（5）：113-118.

赵陟峰，赵廷宁，叶海英，等. 2010. 晋西黄土丘陵沟壑区刺槐人工林枯落物水文特性[J]. 水土保持通报，30（1）：69-73.

周本智，张守攻，傅懋毅. 2007. 植物根系研究新技术Minirhizotron的起源、发展和应用[J]. 生态学杂志，26（2）：253-260.

周娟，赵平，朱丽薇，等. 2015. 荷木（*Schima superba*）水力导度的干湿季变化及个体差异[J]. 应用与环境生物学报，21（2）：333-340.

朱教君. 2013. 防护林学研究现状与展望[J]. 植物生态学报，37（9）：872-888.

朱显漠，田积莹. 1993. 强化黄土高原土壤渗透性及抗冲性的研究[J]. 水土保持学报，7（3）：1-10.

Andrew P.，Jessie L. C. 2008. The influence of canopy traits on throughfall and stemflow in five tropical trees growing in a Panamanian plantation[J]. Forest Ecology and Management，255（5-6）：1 915-1 925.

Blott S. J.，Pye K. 2012. Particle size scales and classification of sediment types based on particle size distributions：Review and recommended procedure[J]. Sedimentology，59（7）：2 071-2 096.

Boerner R. E. J. 1984. Foliar nutrient dynamics and nutrient use efficient of four deciduous tree species in relation to site fertility[J]. Applied Ecology，21（3）：1 029-1 040.

Cezary K.，Marcin Ś.，Przemysław C. 2016. Correlation between the polish soil classification（2011）and international soil classification system world reference base for soil resources（2015）[J]. Soil Science Annual，67（2）：88-100.

Choat B.，Brodribb T. J.，Brodersen C. R. et al. 2018. Triggers of tree mortality under drough[J]. Nature，558：531-539.

Deguchi A.，Hattori S.，Park H. T. 2006. The influence of seasonal changes in canopy structure on interception loss：application of the revised Gash model[J]. Journal of Hydrology，318（1-4）：80-102.

Deng J.，Ma C.，Yu H. 2018. Different soil particle-size classification systems for calculating volume fractal dimension-A Case Study of *Pinus sylvestris* var. *Mongolica* in Mu Us Sandy Land，China[J]. Applied Sciences，8：1 872.

Deng J. F.，Ding G. D.，Gao G. L.，et al. 2015. The sap flow dynamics and response of *Hedys-*

arum scoparium to environmental factors in semiarid Northwestern China[J]. Plos One, 10 (7）: e0131683.

Deng J. F., Li J. H., Deng G., et al. 2017. Fractal scaling of particle-size distribution and associations with soil properties of Mongolian pine plantations in the Mu Us Desert, China[J]. Scientific Reports, 7: 6 742.

Denmead O. T. 1984. Plant physiological methods for studying evaportanspiration: Problems of telling the foerst from the trees[J]. Agricultural Water Management, 8: 167-189.

Domec J. C., Johnson D. M. 2012. Does homeostasis or disturbance of homeostasis in minimum leaf water potential explain the isohydric versus anisohydric behavior of *Vitis vinifera* L. cultivars[J]. Tree Physiology, 32（3）: 245-248.

Ewers B. E., Mackay D. S., Samanta S. 2007. Interannual consistency in canopy stomatal conductance control of leaf water potential across seven tree species[J]. Tree Physiology, 27 (1）: 11-24.

Fichtner A., Härdtle W., Bruelheide H., et al. 2018. Neighbourhood interactions drive overyielding in mixed-species tree communities[J]. Nature Communications, 9: 1 144.

Gao G. L., Ding G. D., Wu B., et al. 2014. Fractal scaling of particle size distribution and relationships with topsoil properties affected by biological soil crusts[J]. Plos One, 9（2）: e88559.

Gao G. L., Ding G. D., Zhao Y. Y., et al. 2016. Characterization of soil particle size distribution with a fractal model in the desertified regions of Northern China[J]. Acta Geophysica, 64 (1）: 1-14.

Gao J. G., Zhao P., Shen W. J., et al. 2015. Biophysical limits to responses of water flux to vapor pressure deficit in seven tree species with contrasting land use regimes[J]. Agricultural and Forest Meteorology, 200: 258-269.

Gash J. H. C., Lloyd C. R., Lachaud G. 1995. Estimation sparse forest rainfall interception with an analytical model[J]. Journal of Hydrology, 170（1-4）: 79-86.

Ge X. D., Dong K. K., Luloff A. E., et al. 2016. Impact of land use intensity on sandy desertification: An evidence from Horqin Sandy Land, China[J]. Ecological Indicators, 61: 346-358.

Gleeson T., Befus K. M., Jasechko S., et al. 2015. The global volume and distribution of modern groundwater[J]. Nature Geoscience, 9: 161-167.

Gómez J. A., Vanderlinden K., Giráldez J. V., et al. 2002. Rainfall concentration under olive trees[J]. Agricultural Water Management, 55（1）: 53-70.

Gui D. W., Lei J. Q., Zeng F. J., et al. 2010. Characterizing variations in soil particle size distribution in oasis farmlands: A case study of the Cele Oasis[J]. Mathematical and Computer Modelling, 51（11-12）: 1 306-1 311.

Herbst M., Rosier P. T. W., Mcneil D. D., et al. 2008. Seasonal variability of interception evaporation from the canopy of a mixed deciduous forest[J]. Agricultural and Forest Meteorology, 148（11）: 1 655-1 667.

Hoerl A. E., Kannard R. W., Baldwin K. F. 1975. Ridge regression: some simulations[J].

Communications in Statistics, 4（2）: 105-123.

Huang J. , Ji M. , Xie Y. , et al. 2015. Global semi-arid climate change over last 60 years[J]. Climate Dynamics, 46（3-4）: 1 131-1 150.

Huang J. , Yu H. , Guan X. , et al. 2016. Accelerated dryland expansion under climate change[J]. Nature Climate Change, 6: 166-171 .

Huang Y. Q. , Li X. K. , Zhang Z. F. , et al. 2011. Seasonal changes in *Cyclobalanopsis glauca* transpiration and canopy stomatal conductance and their dependence on subterranean water and climatic factors in rocky karst terrain[J]. Journal of Hydrology, 402（1-2）: 135-143.

Hubbard R. M. , Bond B. J. , Ryan M. G. 2001. Stomatal conductance and photosynthesis vary linearly with plant hydraulic conductance in *ponderosa* pine[J]. Plant Cell and Environment, 24（1）: 113-121.

Jia X. H. , Li X. R. , Zhang J. G. , et al. 2009. Analysis of spatial variability of the fractal dimension of soil particle size in *Ammopiptanthus mongolicus*' desert habitat[J]. Environmental Geology, 58（5）: 953-962.

Johnson T. C. , Werne J. P. , Brown E. T. , et al. 2016. A progressively wetter climate in southern East Africa over the past 1. 3 million years[J]. Nature, 537: 220-224.

Knight D. H. , Fahey T. J. , Running S. W. , et al. 1981. Transpiration from 100-yr-old lodgepole Pine forests estimated with whole-tree potometers[J]. Ecology, 62（3）: 717-726.

Li J. H. , Deng J. F. , Zhou Y. B. , et al. 2016. Water-use efficiency of typical afforestation tree species in Liaoning, P. R. China and their response to environmental factors[J]. Nature Enviroment and Pollution Technology, 15（4）: 1 427-1 433.

Liang L. Q. , Li L. J. , Liu Q. 2011. Precipitation variability in Northeast China from 1961 to 2008[J]. Journal of Hydrology, 404（1-2）: 67-76.

Liang W. 2014. Short Communication. Simulation of gash model to rainfall interception of *Pinus tabulaeformis*[J]. Forest Systems, 23（2）: 300-303.

Limousin J. M. , Rambal S. , Ourcival J. M. , et al. 2008. Modelling rainfall interception in a *Mediterranean Quercus ilex* ecosystem: Lesson from a throughfall exclusion experiment[J]. Journal of Hydrology, 357（1-2）: 57-66.

Meinzer F. C. , Goldstein G. , Jackson P. , et al. 1995. Environmental and physiological regulation of transpiration in tropical forest gap species: the influence of boundary layer and hydraulic properties[J]. Oecologia, 101（4）: 514-522.

Montero, E. S. 2005. Rényi dimensions analysis of soil particle-size distributions[J]. Ecological Modelling, 182（3-4）: 305-315.

Morrison I. K. , Foster N. W. 2001. Fifteen-year change in forest floor organic and element content and cycling at the Turkey Lakes Watershed[J]. Ecosystems, 4（6）: 545-554.

Muzylo A. , Llorens P. , Valente F. , et al. 2009. A review of rainfall interception modelling[J]. Journal of Hydrology, 370（1-4）: 191-206.

Nakken M. 1999. Wavelet analysis of rainfall-runoff variability isolating climatic from anthropogenic patterns[J]. Environmental Modelling and Software, 14（4）: 283-295.

Noce S. , Collalti A. , Valentini R. , et al. 2016. Hot spot maps of forest presence in the Mediterranean basin[J]. iForest - Biogeosciences and Forestry, 9（5）: 766−774.

Nourtier M. , Chanzy A. , Granier A. , et al. 2011. Sap flow measurements by thermal dissipation method using cyclic heating: a processing method accounting for the non-stationary regime[J]. Annals of Forest Science, 68: 1 255−1 264.

Pachepsky Y. , Yakovchenko V. , Rabenhorst M. C. , et al. 1996. Fractal parameters of pore surfaces as derived from micromorphological data: effect of long-term management practices[J]. Geoderma, 74（3−4）: 305-319.

Pataki D. E. , Oren R. 2003. Species difference in stomatal control of water loss at the canopy scale in a bottomland deciduous forest[J]. Advances in Water Resources, 26（12）: 1 267−1 278.

Perfect E. , Kay B. D. 1991. Fractal theory applied to soil aggregation[J]. Soil Science Society of America Journal, 55（6）: 1 552−1 558.

Perfect E. , Kay B. D. 1995. Applications of fractals in soil and tillage research: a review[J]. Soil and Tillage Research, 36（1−2）: 1−20.

Perfect E. , Rasiah V. , Kay B. D. 1993. On the relation between number-size distributions and the fractal dimension of aggregates[J]. Soil Science Society of America Journal, 56（5）: 555−565.

Posadas A. N. D. , Giménez D. , Quiroz, R. , et al. 2003. Multifractal characterization of soil pore spatial distributions[J]. Soil Science Society of America Journal, 67（5）: 1 361−1 369.

Rasiah V. , Kay B. D. , Perfect E. 1993. New mass-based model for estimating fractal dimensions of soil aggregates[J]. Soil Science Society of America Journal, 57（4）: 891−895.

Roberts J. M. 1997. The use of tree-cutting techniques in the study of the water relations of mature *Pinus sylvestris* L[J]. Journal of Experimental Botany, 28（104）: 751−765.

Rogiers S. Y. , Greer D. H. , Hatfield, J. M. , et al. 2012. Stomatal response of an anisohydric grapevine cultivar to evaporative demand, available soil moisture and abscisic acid[J]. Tree Physiology, 32（3）: 249−261.

Roman D. T. , Novick K. A. , Brzostek E. R. , et al. 2015. The role of isohydric and anisohydric species in determining ecosystem-scale response to severe drought[J]. Oecologia, 179（3）: 641−654.

Sadeghi S. M. M. , Attarod P. , Pypker, T. G. , et al. 2014. Is canopy interception increased in semiarid tree plantations? Evidence from a field investigation in Tehran, Iran[J]. Turkish Journal of Agriculture and Forestry, 38（6）: 792−806.

Schäfer K. V. R. 2011. Canopy stomatal conductance following drought, disturbance, and death in an upland oak /pine forest of the New Jersey Pine Barrens[J]. Frontiers in Plant Science, 2: 56−63.

Song L. , Zhu J. , Li M. , et al. 2016. Sources of water used by *Pinus sylvestris* var. *mongolica* trees based on stable isotope measurements in a semiarid sandy region of Northeast China[J]. Agricultural Water Management, 164: 281−290.

Stewart J. B. 1977. Evaporation from the wet canopy of a pine forest[J]. Water Resources Research, 13（6）: 915-921.

Tang Y. , Li X. 2018. Simulating effects of precipitation and initial planting density on population size of Mongolian pine in the Horqin Sandy Land, China[J]. Agroforestry Systems, 92（1）: 1-9.

Wahren F. T. , Tarasiuk M. , Mykhnovych A. , et al. 2012. Estimation of spatially distributed soil information: dealing with data shortages in the Western Bug Basin, Ukraine[J]. Environmental Earth Sciences, 65（5）: 1 501-1 510.

Wang D. , Fu B. J. , Zhao W. W. , et al. 2008. Multifractal characteristics of soil particle size distribution under different land-use types on the Loess Plateau, China[J]. Catena, 72（1）: 29-36.

Wang X. D. , Li M. H. , Liu S. Z. , et al. 2006. Fractal characteristics of soils under different land-use patterns in the arid and semiarid regions of the Tibetan Plateau, China[J]. Geoderma, 134（1-2）: 56-61.

Watson J. E. M. , Evans T. , Venter O. , et al. 2018. The exceptional value of intact forest ecosystems[J]. Nature Ecology and Evolution, 2: 599-610.

Worrell R. , Hampson A. 1997. The influence of some forest operations on the sustainable management of forest soils[J]. Forestry, 70（1）: 61-86.

Zhao S. W. , Jing S. U. , Liu N. N. , et al. 2006. A fractal method of estimating soil structure changes under different vegetations on Ziwuling Mountains of the Loess Plateau, China[J]. Agricultural Sciences in China, 5（7）: 530-538.

Zhong W. , Yue F. , Ciancio A. 2018. Fractal behavior of particle size distribution in the rare earth tailings crushing process under high stress condition[J]. Applied Sciences, 8: 1 058.